507
Movimentos Mecânicos

Blucher

Henry T. Brown

507

Movimentos Mecânicos

Mecanismos e dispositivos

Título original:
507 *Mechanical Movements* (1868)

Tradução de Artur Henrique de Freitas
Avelar, Professor adjunto da Universidade
Federal de São João del-Rei (UFSJ)

507 Movimentos Mecânicos: mecanismos e dispositivos
Título original em inglês: *507 Mechanical Movements : mechanisms and devices.*
Tradução da 21ª edição, publicada em 1908.

© Editora Edgard Blücher, 2019
1ª reimpressão – 2020
Créditos das imagens do miolo: 507movements.com

Publisher Edgard Blücher

Editor Eduardo Blücher

Produção editorial Bonie Santos, Isabel Silva, Luana Negraes

Tradução Artur Henrique de Freitas Avelar

Diagramação e capa Crayon Editorial

Preparação de texto Ana Maria Fiorini

Revisão de texto Cátia de Almeida

Blucher

Rua Pedroso Alvarenga, 1245, 4° andar
04531-934 – São Paulo – SP – Brasil
Tel.: 55 11 3078-5366
contato@blucher.com.br
www.blucher.com.br

Segundo Novo Acordo Ortográfico,
conforme 5. ed. do *Vocabulário Ortográfico
da Língua Portuguesa*, Academia Brasileira de
Letras, de março de 2009.

É proibida a reprodução total ou parcial por
quaisquer meios sem autorização escrita
da editora.

Todos os direitos reservados pela Editora
Edgard Blücher Ltda.

DADOS INTERNACIONAIS DE CATALOGAÇÃO
NA PUBLICAÇÃO (CIP)
ANGÉLICA ILACQUA CRB-8/7057

Brown, Henry T.
    507 Movimentos Mecânicos : mecanismos
e dispositivos / Henry T. Brown ; tradução de
Artur Avelar. -- São Paulo : Blucher, 2019.
    176 p. : il.

Bibliografia

ISBN 978-85-212-1849-4 (impresso)
ISBN 978-85-212-1850-0 (e-book)

1. Movimentos mecânicos I. Título II.
Avelar, Artur Henrique de Freitas.

19-1305   CDD 621.8

Índice para catálogo sistemático:
1. Movimentos mecânicos

Prefácio
do autor

A falta de uma coleção abrangente de ilustrações e descrições de movimentos mecânicos há muito tem sido seriamente sentida por artesãos, inventores e estudantes das artes mecânicas. Foi o conhecimento dessa falta que induziu a compilação aqui apresentada. Os movimentos que estão contidos nesta obra já apareceram ilustrados e descritos em parcelas ocasionais distribuídas por cinco volumes do periódico *American Artisan* e foram tão bem recebidos pelos leitores da citada publicação que se acreditou justificada a despesa de sua reprodução com alguma revisão em um volume separado.

A seleção dos movimentos presentes nesta coleção foi feita a partir de várias e diversas fontes. As obras inglesas de Johnson, Willcock, Wylson e Denison foram utilizadas como base em grande medida, e muitas outras obras – norte-americanas e de outros países – foram utilizadas como contribuição; porém mais de um quarto dos movimentos – muitos de origem puramente americana – jamais apareceu em nenhuma coleção publicada. Embora as ilustrações abranjam cerca de três vezes mais movimentos que os já contidos em qualquer publicação americana anterior, e um número consideravelmente superior ao contido em qualquer publicação estrangeira, não foi o objetivo do compilador simplesmente inchar o número, mas se esforçar para selecionar apenas os movimentos que podem ser de valor realmente prático; com esse fim em vista, rejeitou muitos que podem ser encontrados em quase todas as coleções anteriormente publicadas, considerados aplicáveis apenas a alguma necessidade excepcional.

Em virtude da seleção desses movimentos ter ocorrido nos intervalos que puderam ser arrebatados dos deveres profissionais, os quais não admitiam adiamento, e em razão das gravuras terem sido feitas de tempos em tempos para publicação imediata, a classificação dos movimentos não é tão perfeita quanto o compilador deseja; ainda assim, acredita que essa deficiência é mais do que compensada pelo arranjo inteiramente novo das ilustrações, pela tipografia descritiva em páginas opostas e pelo índice remissivo abundante. Isso torna a coleção – ampla e abrangente como é – mais conveniente para referência que qualquer outra anterior.

Índice
remissivo

— • • • —

Neste índice, os números não indicam as páginas, mas referem-se às gravuras e aos parágrafos numerados. Cada página com texto contém todas as descrições relativas às ilustrações que estão na página à esquerda.

— • A • —

Acoplamento por união: 248
Alavancas: 6, 56, 77, 80, 87, 110, 127, 132, 145, 147, 149, 150, 163, 179, 190, 206, 236, 242, 244, 271, 280, 281, 283, 332, 334, 335, 336, 337, 338, 340, 341, 342, 360, 361, 370, 390, 473, 482, 490, 491, 492
Articulação: 140
    de cotovelo: 126, 153, 155, 156, 157, 278, 284, 391, 478
    de joelho: 164
    para torno: 56
Alternado circular, movimento: 148, 216, 439
Alternado retilíneo, movimento: 101, 106, 107, 108, 131, 136, 138, 143, 145, 146, 149, 150, 153,165, 272, 273, 276
Alternado retilíneo intermitente, movimento: 397
Arcos, instrumento para desenho de: 407
Armadilha de vapor: 477, 478
Autorreversível, movimento: 87

B

Balanço, movimento de: 419
Balanço de compensação: 319
Barômetro: 501
Bate-estacas: 251
Bifurcação, instrumento de: 410
Bomba
    de ar: 473
    de balanço: 465
    de corrente: 462
    de diafragma: 454
    de dupla ação: 452, 453
    de duplo fole: 453
    de elevação: 448, 449
    manual: 448, 450, 451, 454
    movimento para: 86, 127, 283
    rotativa: 455, 456
    de sifão a vapor: 476
Braçadeira
    de mesa: 174, 180, 381
    roscável: 190
Broca: 359
    arco: 124
    de grampo: 379, 380
    persa: 112

C

Cabrestante: 412, 491
Cames: 90, 91, 95, 96, 97, 117, 130, 135, 136, 138, 149, 150, 165, 217, 272, 276, 398
Carneiro hidráulico: 444
Catracas e linguetas: 49, 75, 76, 78, 79, 80, 82, 206, 225, 236, 271, 360, 390, 491
Centrolíneo: 408
Ciclógrafo: 403, 404
Coluna oscilante: 445, 446

Compasso proporcional: 409
Comporta autoativada: 463
Conexão, movimento de: 171, 185
Contadores de revoluções: 63, 64, 65, 66, 67, 68, 69, 70, 71
Cremalheiras: 84, 275, 284, 334
 calandra: 197, 198, 199
 mutilada: 269
 e pinhões: 81, 113, 114, 115, 116, 118, 119, 127, 139, 197, 198, 199, 269, 283, 351, 391, 394
Cunha: 381, 493

— D —

Diferenciais, movimentos: 57, 58, 59, 60, 61, 62, 260, 264
Dinamômetro: 244, 372

— E —

Eixos excêntricos: 89, 90, 91, 135, 137
Ejetor de esgoto: 475, 476
Elipsógrafo: 152
Elo, corrente separável: 399
Embreagem: 47, 48, 52, 53, 361
Engrenagem
 com parafuso sem fim: 29, 31, 64, 66, 67, 104, 143, 151, 195, 202, 207, 264, 275, 459
 cônica: 7, 25, 43, 49, 53, 62, 74, 161, 162, 200, 226, 495
 defasada: 44
 de dentes retos: 24, 26, 55, 56, 57, 122, 125, 148, 260, 328, 329
 elíptica: 33, 35, 221
 excêntrica: 219, 222
 gaiola: 199, 233, 297
 helicoidal: 40, 41, 42
 intermitente: 64, 66, 67, 74, 81, 211
 interna: 34, 55, 57, 216, 412
 irregular: 196, 201
 mutilada: 74, 114, 209, 216

pino: 197
retangular: 30
roda tipo coroa: 26, 219, 298
setor: 38, 123, 131, 133, 223, 282
sol e planeta: 39
tipo trem epicicloidal: 142, 412, 502, 503, 504, 505, 506, 507
variável: 38
voluta: 191, 414
Eolípila: 474
Escadas
autoajustável: 387
dobrável: 386
Escapamento: 234, 238, 288, 289, 290, 291, 292, 293, 294, 295, 296, 297, 298, 299, 300, 301, 302, 303, 304, 305, 306, 307, 308, 309, 310, 311, 312, 313, 314, 396, 402
Estampos: 85, 351
Experimento sobre atrito: 373

F

Ferro de luva: 493
Fonte de Heron: 464
Freio de cinta: 242
Furadeira: 366
Fusées: 46, 358

G

Ganchos:
centrífugos de verificação: 253
de desembarque: 492
de desengate: 251
Gangorra: 363
Giroscópio: 355
Governadores: 147, 161, 162, 163, 170, 274, 287, 357
Guias: 99, 326, 327, 330, 331
Guinchos

de atrito: 280
chinês: 129, 352

→ H →

Hastes: 85, 128
   extensíveis: 144
Hélice de parafuso: 488
Helicógrafo: 384
Hipérboles, instrumento para desenho de: 405

→ I →

Intermitente, movimento: 63, 64, 65, 66, 67, 68, 69, 70, 71, 73, 74, 75, 76, 77, 78, 79, 80, 82, 83, 84, 88, 211, 234, 235, 236, 241, 364, 398

→ J →

Juntas
   de baioneta: 245
   de esfera: 249
   universais: 50, 51

→ M →

Macacos
   de elevação: 389
hidráulico: 467
Mancal antifricção: 250
Manivela: 92, 93, 98, 100, 131, 145, 148, 156, 158, 166, 175, 176, 177, 190, 220, 230, 231, 268, 279, 354, 401, 416
   composta: 168, 169
   de cotovelo: 87, 126, 154, 156, 157
   dupla: 231
   substitutos para: 39, 116, 123, 156, 157, 167, 394
   variável: 94
Manômetros: 498, 499, 500

Máquinas
alimentação de: 121, 155, 284, 388, 400
de Bohnenberger: 356
para elevar água: 441, 442, 443, 444, 457, 458, 459, 460, 461
de perfuração: 366
para polimento: 370, 393
para puncionar: 140
para tecidos e urdiduras: 383
Marcha a ré: 179
Martelos
de ar comprimido: 472
atmosférico: 471
martinete: 72, 353
de queda: 85
para sinos: 420
a vapor: 470
Medidor de água: 440
Medidor de gás: 479, 480, 481, 483
Moinhos
de moagem: 375
de pisar: 377
de reação: 438
de vento: 485, 486
Motor: 175, 326, 327, 328, 329, 330, 331, 332, 334, 335, 336, 337, 338, 339, 340, 341, 342, 343, 344, 345, 346, 421, 422, 423, 424
de disco: 347
mecanismos de válvulas para: 89, 90, 91, 117, 135, 137, 150, 171, 179, 181, 182, 183, 184, 185, 186, 187, 188, 189, 286, 418
rotativos: 425, 426, 427, 428, 429

— N —

Nível de autogravação: 411

— P —

Pantógrafo: 246
Parábolas, instrumento para desenho de: 406
Paradas
    para catraca: 240
    para dar corda em relógios: 212, 213, 214, 215
    para engrenagem: 239
    para elevação: 278
    para engrenagem de gaiola: 233
Paradoxo mecânico: 504
Parafusos: 102, 103, 104, 105, 109, 112, 285
    à direita e esquerda: 110, 151
    de Arquimedes: 443
    de diferentes passos: 266
    de micrômetro: 111
    sem fim: 29, 31, 64, 66, 67, 104, 143, 151, 195, 202, 207, 264, 275, 459
Paralelos, movimentos: 328, 329, 332, 333, 334, 335, 336, 337, 338, 339, 340, 341, 343
Pedais: 82, 158, 159, 160, 366, 374, 401, 416
Pêndulo
    cicloidal: 369
    de compensação: 316, 317
    cônico: 315
Pinças para elevação: 494
Pinhão de dois dentes: 205
Polias: 1, 2, 3, 4, 5, 6, 7, 8, 9, 10, 11, 12, 13, 14, 15, 16, 17, 18, 19, 20, 21, 22, 23, 58, 59, 60, 61, 62, 243, 255, 256, 257, 258, 259, 361, 439
    correntes, e: 227, 228, 229
    de expansão: 224
    de fricção: 267
    rolamento antifricção para: 270
Potência, manutenção de: 320, 321
Potência, transmissão de
    atrito: 28, 32, 45, 413
    cabrestante: 412
    múltipla: 27

roda cônica: 37
roda de escova: 28
Prensas: 105, 132, 133, 164
   hidráulica: 466

— R —

Réguas paralelas: 322, 323, 324, 325, 349, 367
Reguladores
   de gás: 482
   de relógio: 318
Retorno rápido, movimento de: 216
Revólver: 277
Roda
   de calandra: 36, 54, 192, 193, 194, 371
   de came: 136
   tipo coroa: 26, 219, 237
   d'água: 430, 431, 432, 433, 434, 435, 436, 437, 438
   dentada: 237, 254
   ondulada: 165
   de pás: 487, 489
   persa: 441
   de pinos: 208
Rolo
   de alimentação: 195, 207, 388
   oblíquo: 204, 365
   de tração: 496
Rotativo alternado, movimento: 124

— S —

Serra
   de fita: 141
   de pêndulo: 378
   tico-tico: 392
Suporte para espelhos: 382

T

Tambor e corda: 134
Tear: 496
Tesoura: 130
Timão: 490
Tração animal: 376
Tranversal, movimento: 350, 362
    variável: 122, 125, 142, 178
Trituradores: 375
Tubulação flexível: 468

V

Válvula de quatro vias: 395
Variados, movimentos: 120, 172, 173, 196, 203, 209, 210, 217, 218, 232, 235, 247, 252, 261, 262, 263, 265, 281, 282, 348, 360, 368, 385, 390, 391, 415, 417, 447, 469, 484.
Ventilador centrífugo: 497

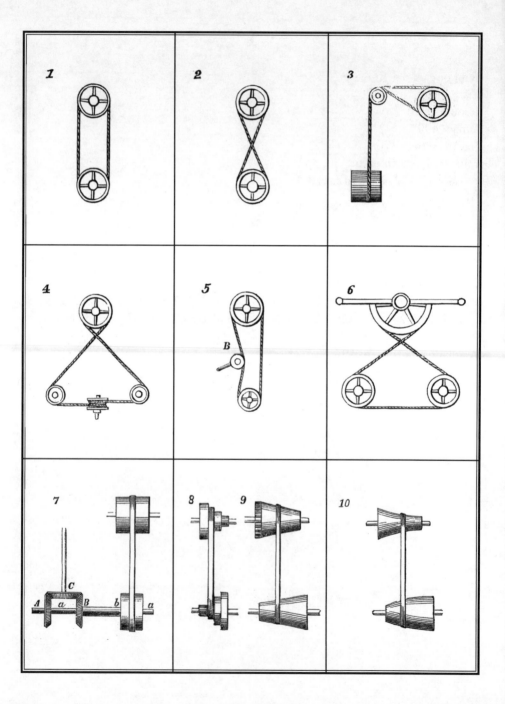

1. Ilustra a transmissão de potência por polias simples e correia aberta. Neste caso, ambas as polias giram na mesma direção.

2. Difere de **1** na substituição de uma correia aberta por uma cruzada. Neste caso, o sentido de rotação das polias é invertido. Ao se colocar três roldanas, lado a lado, sobre o eixo a ser conduzido; a do meio se aperta e as outras duas se afrouxam sobre ela e, utilizando tanto uma correia aberta como uma cruzada, torna-se possível que a direção do referido eixo seja invertida, sem a necessidade de parar ou inverter o condutor. Uma correia vai sempre girar na polia firme e a outra gira sobre uma das polias livres. O eixo vai ser conduzido em um sentido ou no outro, a depender da correia que estiver na polia firme, a aberta ou a cruzada.

3. Um método de transmissão de movimento de um eixo perpendicular a outro, por meio de polias. Há duas dessas roldanas, lado a lado, uma para cada seção da correia.

4. Um método de transmissão de movimento de um eixo perpendicular a outro cujo eixo fica no mesmo plano. Isso é mostrado com uma correia cruzada. Uma correia aberta pode ser utilizada, mas prefere-se a cruzada, uma vez que oferece mais superfície de contato.

5. Assemelha-se a **1**, com a adição de uma polia móvel de aperto, **B**. Quando essa polia é pressionada contra a correia para compensar a folga, a correia transmite movimento de uma das polias maiores para a outra; mas quando não é, a correia fica tão folgada a ponto de não transmitir movimento.

6. Ao dar um movimento vibratório à alavanca fixada ao segmento semicircular, a correia ligada ao referido segmento transmite um movimento de rotação alternado para as duas polias que estão embaixo.

7. Um método para acoplar, desacoplar e inverter o eixo vertical à esquerda. A correia é mostrada no meio das três polias nos eixos inferiores, *a*, *b*, cuja polia está solta e, consequentemente, nenhum movimento é transferido aos referidos eixos. Quando a correia é levada para a polia do lado esquerdo, presa no eixo oco, *b*, que está acoplada à engrenagem cônica, *B*, o movimento é transmitido em uma direção ao eixo vertical; ao ser levada à polia para o lado direito, o movimento é transmitido através da engrenagem, *A*, presa no eixo, *a*, o qual roda dentro de *b*, e a direção do eixo vertical é invertida.

8. Polias de velocidade utilizadas para tornos e outras ferramentas mecânicas, para variar a velocidade, de acordo com o trabalho a ser submetido.

9. Polias cônicas para a mesma finalidade que o mecanismo **8**. Este movimento é utilizado nas máquinas de algodão e em todas as máquinas que necessitam operar a uma velocidade gradualmente maior ou menor.

10. É uma modificação de **9**, sendo as polias de formato diferente.

— 18 — *507 Movimentos Mecânicos*

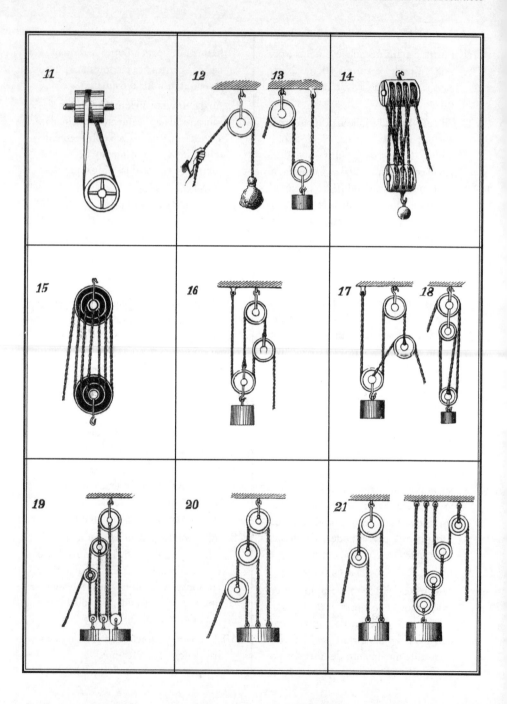

11. Outro método para efetuar o mesmo resultado que **3**, sem polias guias.

12. Polia simples usada para levantar pesos. Neste mecanismo, a força deve ser igual ao peso para se obter equilíbrio.

13. Neste mecanismo, a polia inferior é móvel. Com uma extremidade do cabo estando fixa, a outra deve mover-se duas vezes mais rápido do que o peso, e um correspondente ganho de potência é consequentemente conseguido.

14. Blocos de polias. A potência obtida por esta invenção é calculada como se segue: divida o peso por duas vezes o número de polias no bloco inferior; o quociente é a potência necessária para equilibrar o peso.

15. Representa as conhecidas polias de White, que podem ser feitas com polias livres separadas ou com uma série de ranhuras cortadas em um bloco sólido; os diâmetros são feitos em proporção com a velocidade da corda; isto é, 1, 3, e 5 para um bloco; 2, 4, e 6 para o outro. A potência vai de 1 a 7.

16 e 17. É uma combinação de uma polia fixa e duas polias móveis (*Spanish bartons*).

18. É uma combinação de duas polias fixas e uma polia móvel.

19, 20, 21 e 22. Diferentes arranjos de polias. A seguinte regra aplica-se a essas polias: em um sistema de polias em que cada uma está em contato com um cabo ligado em uma extremidade a um ponto fixo e na outra ao centro da polia móvel, o efeito do todo será igual a 2 elevado ao número de polias móveis no sistema.

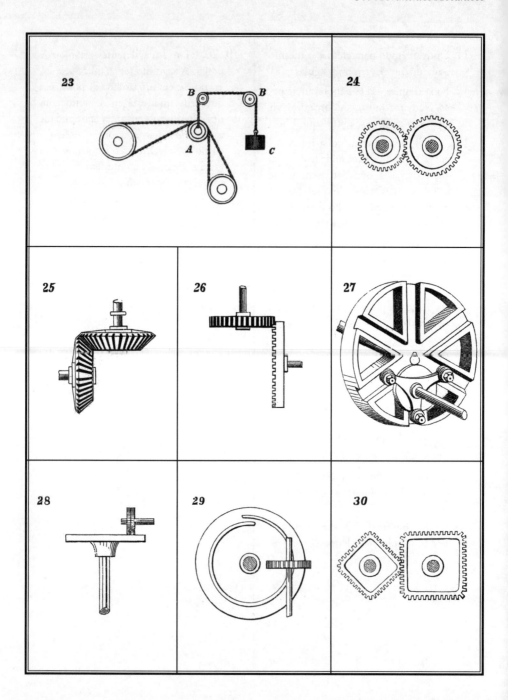

23. Um artefato para transmitir movimento rotativo a uma polia móvel. A polia na parte inferior da figura é a móvel; se essa polia é levantada ou abaixada, a correia é afrouxada ou apertada da mesma maneira. De forma a manter uma tensão uniforme na correia, uma roldana, *A*, transportada em um quadro deslizante ao longo de guias (não mostradas), pende de uma corda que passa sobre as duas polias guias, *B*, *B*, e é atuada pelo peso de equilíbrio, *C*, de tal modo a produzir o resultado desejado.

24. Engrenagens de dentes retos.

25. Engrenagens cônicas. Aquelas de diâmetros iguais são denominadas "engrenagens mitrais".

26. A roda à direita é chamada "roda tipo coroa"; a que está se engrenando com ela é uma engrenagem de dentes retos. Essas rodas não são muito usadas e estão disponíveis somente para trabalhos leves, pois os dentes da roda de coroa devem, necessariamente, ser finos.

27. "Transmissão múltipla", uma invenção recente. A roda triangular menor conduz a maior pelo movimento dos seus rolos de fricção acoplados nos sulcos radiais.

28. Estas são algumas vezes chamadas "rodas de escova". As velocidades relativas podem ser modificadas alterando-se a distância da roda superior a partir do centro da inferior. Uma impulsiona a outra por aderência ou atrito, e isso pode ser aumentado ao se recobrir a roda inferior com borracha indiana.

29. Transmissão de movimento rotativo a partir de um eixo perpendicular ao outro. O fio espiral da roda de disco impulsiona a engrenagem de dentes retos, movendo-a pela distância de um dente a cada revolução.

30. Engrenagens retangulares. Produzem um movimento de rotação da engrenagem conduzida a uma velocidade variável. Eram utilizadas em prensa móvel cujos tipos eram colocados em um rolo retangular.

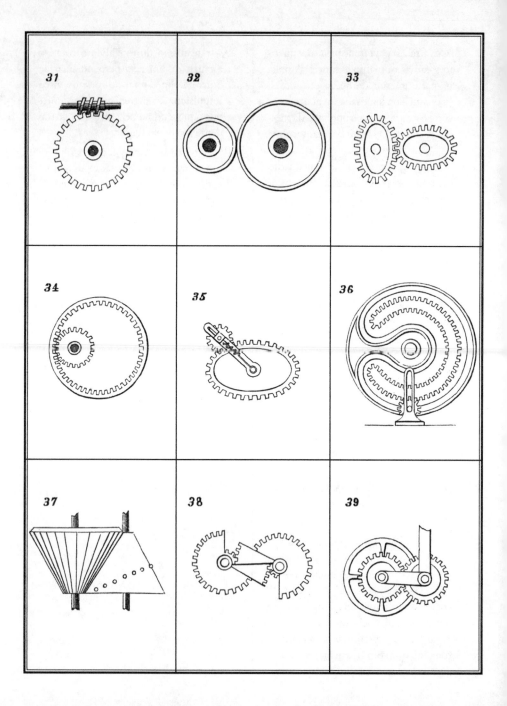

31. Rosca ou parafuso sem fim e uma engrenagem. Alcança o mesmo resultado que o 29; como é de mais fácil construção, é mais frequentemente utilizado.

32. Rodas de atrito. As superfícies dessas rodas são propositalmente ásperas, de modo a *friccionar* tanto quanto possível; às vezes, uma delas é revestida de couro, ou, melhor, com borracha indiana vulcanizada.

33. Engrenagens elípticas. São usadas quando é necessário um movimento rotativo de velocidade variável, e a variação de velocidade é determinada pela relação entre os comprimentos dos eixos maior e menor das elipses.

34. Uma engrenagem dentada internamente e pinhão. Com engrenagens de dentes retos comuns (como a representada em 24), o sentido de rotação é oposto, mas com a engrenagem dentada internamente, as duas giram na mesma direção; com as mesmas cargas nos dentes, elas são capazes de transmitir maior força, porque mais dentes estão em contato.

35. Movimento de rotação variável produzido por movimento rotativo uniforme. O pinhão pequeno atua em uma fenda cortada na barra, que gira livremente sobre o eixo da engrenagem elíptica. O rolamento do eixo do pinhão tem nele preso uma mola, que o mantém em contato constante; a fenda na barra é para permitir a variação do comprimento do raio da engrenagem elíptica.

36. Roda de calandra e pinhão – assim chamada por sua aplicação em calandras – converte o movimento rotativo contínuo do pinhão em movimento alternado rotativo da roda. O eixo do pinhão tem um movimento vibratório e atua em uma fenda reta cortada na barra estacionária em posição vertical para permitir que o pinhão suba e desça e atue dentro e fora da engrenagem da roda. A fenda entalhada na face da roda de calandra seguindo o seu contorno serve para receber e orientar o eixo do pinhão e mantê-lo engrenado.

37. Movimento uniforme em rotativo variável. A roda cônica ou pinhão à esquerda tem dentes entalhados por toda a largura de sua face. Seus dentes atuam com uma série de pinos em espiral localizados em uma roda cônica.

38. Um modo de converter movimento rotativo, por meio do qual a velocidade é uniforme durante uma parte e variada durante outra parte da revolução.

39. Movimento tipo sol e planeta. A engrenagem à direita, chamada engrenagem planetária, está conectada ao centro da outra, ou engrenagem solar, por um braço que preserva uma distância constante entre seus respectivos centros. Este mecanismo foi utilizado por James Watt como um substituto para a manivela em um motor a vapor, após a utilização da manivela ser patenteada por terceiros. Cada revolução da engrenagem planetária, que está rigidamente fixa à biela, dá duas revoluções na engrenagem solar, que está chavetada no eixo do volante.

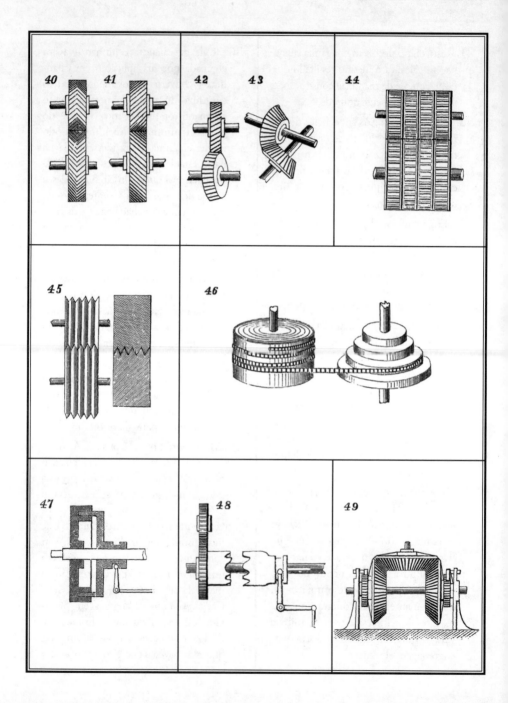

40 e 41. Engrenagens helicoidais. Movimento rotativo convertido em rotativo. Por serem oblíquos, os dentes destas engrenagens dão um rolamento mais contínuo do que engrenagens comuns.

42 e 43. Diferentes tipos de engrenagens para transmitir movimento de rotação de um eixo para outro, disposto obliquamente a eles.

44. Uma espécie de engrenagem usada para transmitir grande força e dar um acoplamento contínuo aos dentes. Cada roda é composta de duas, três ou mais engrenagens distintas. Os dentes, em vez de estarem alinhados, estão dispostos de modo defasado para dar um acoplamento contínuo. Este sistema é às vezes utilizado para a condução de hélices em parafuso e, às vezes, com uma cremalheira de caráter similar, para conduzir os alicerces de grandes máquinas de aplainamento de ferro.

45. Transmissão de potência por atrito com sulcos – uma invenção relativamente recente. O diagrama à direita é uma seção aumentada, que pode ser mais facilmente compreendida.

46. Corrente *fusée* e caixa de mola são os motores principais em alguns relógios, particularmente aqueles de manufatura inglesa. O *fusée* à direita serve para compensar a perda de força da mola conforme ela mesma se desenrola. A corrente fica sobre o pequeno diâmetro do *fusée* quando se dá corda no relógio, momento em que a mola tem a maior força.

47. Uma embreagem de atrito, engatada e desengatada pela alavanca na parte inferior. É usada para conectar e desconectar maquinários pesados. O eixo do disco à direita tem uma fenda que desliza sobre uma chaveta longa fixada na haste.

48. Caixa de embreagem. O pinhão na parte superior dá um movimento rotativo contínuo à engrenagem abaixo, à qual conecta metade da embreagem, e ambos giram livremente no eixo. Quando é desejado dar movimento ao eixo, a outra parte da embreagem, que desliza sobre uma chaveta fixa no eixo, é empurrada pela alavanca até engrenar.

49. Movimento circular alternado do eixo horizontal produz um movimento rotativo contínuo do eixo vertical, por meio de catracas fixadas às engrenagens cônicas, com os dentes da catraca das duas rodas posicionados de maneiras opostas; as linguetas atuam em sentidos opostos. As engrenagens cônicas e catracas estão livres para girar no eixo, e as linguetas ligadas a braços estão firmemente presas no eixo.

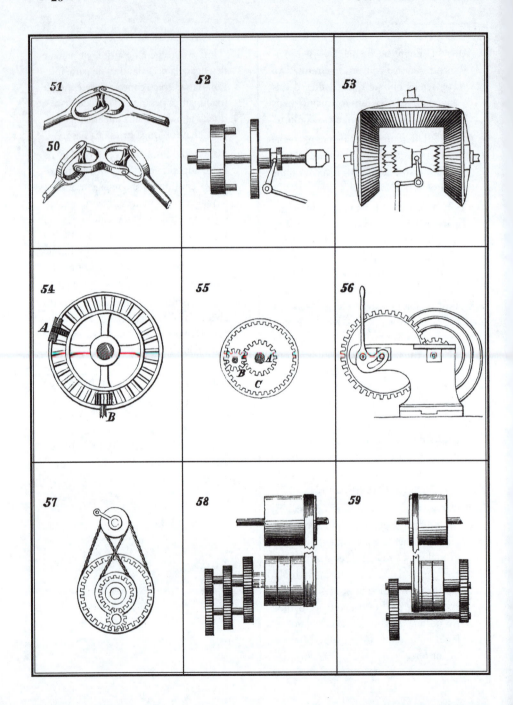

50 e 51. Dois tipos de juntas universais.

52. Outro tipo de caixa de embreagem. O disco à direita tem dois orifícios, que correspondem aos pinos fixos no outro disco; ao serem pressionados contra ele, os pinos entram nos orifícios, quando os dois discos giram em conjunto.

53. O eixo vertical conduz o horizontal em ambas as direções, como se desejar, por meio de embreagem dupla e engrenagens cônicas. As engrenagens do eixo horizontal estão livres para girar e são conduzidas em sentidos opostos pela terceira engrenagem; a dupla embreagem desliza sobre uma chaveta fixada no eixo horizontal, que gira para a direita ou para a esquerda, de acordo com o lado em que está engatado.

54. Roda de calandra ou estrela, que produz um movimento de rotação alternada.

55. Diferentes velocidades dadas a duas engrenagens, *A* e *C*, sobre o mesmo eixo, pelo pinhão, *B*.

56. Usado para engatar e desengatar o movimento de velocidade em tornos. Ao abaixar a alavanca, o eixo da engrenagem maior é puxado para trás em virtude da fenda na qual desliza ser cortada excentricamente em relação ao centro ou fulcro da alavanca.

57. Com a pequena polia no topo como condutora, a grande engrenagem com dentes internos e a engrenagem concêntrica interna são conduzidas em direções opostas pelas correias, e, ao mesmo tempo, vão transmitir movimento ao pinhão intermediário da parte inferior, tanto em torno de seu próprio centro como em torno do centro comum das duas engrenagens concêntricas.

58. Mecanismo para a transmissão de três velocidades diferentes por engrenagens. A parte inferior da correia é mostrada em uma polia livre para girar. A polia seguinte está fixada no eixo principal, na outra extremidade está fixada uma pequena engrenagem de dentes retos. A próxima polia está fixada em um eixo oco que gira sobre o eixo principal, e lá é fixada a uma segunda engrenagem, maior que a primeira. A quarta e última polia à esquerda está fixada em outro eixo oco que gira livremente sobre o último, na outra extremidade está fixada a engrenagem ainda maior mais perto da polia. À medida que a correia vai de uma polia a outra, transmite três velocidades diferentes para o eixo abaixo.

59. Mecanismo para a transmissão de duas velocidades por engrenagem. A correia é mostrada na polia livre para girar – das três inferiores, é a que está à esquerda. A polia do meio está fixada no mesmo eixo que o pinhão pequeno, e a polia à direita está em um eixo oco, na extremidade da qual está fixada a engrenagem maior. Quando a correia está na polia do meio, um movimento lento é transmitido para o eixo abaixo; mas quando está na polia direita, uma velocidade rápida é transmitida, de forma proporcional ao diâmetro das engrenagens.

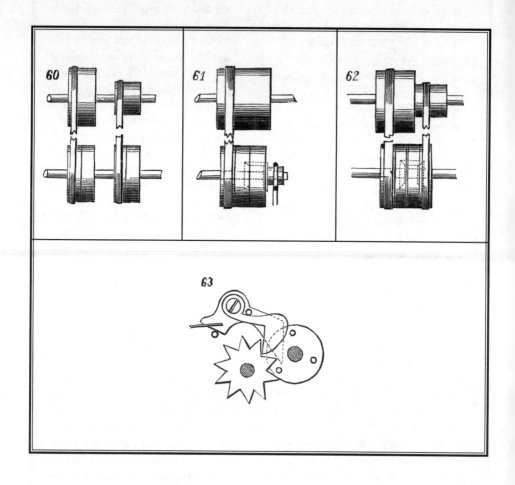

60. Mecanismo para a transmissão de duas velocidades por meio de correias. Existem quatro polias no eixo inferior, as duas externas ficam livres para girar e as duas internas, presas. A correia à esquerda é mostrada em sua polia livre, aquela à direita está em sua polia presa; um movimento lento é consequentemente transmitido ao eixo inferior. Quando a correia à direita é movida para sua polia livre, e a da esquerda é movida para sua polia presa, um movimento mais rápido é transmitido.

61. Mecanismo para a transmissão de duas velocidades, sendo uma delas um movimento diferencial. A correia é mostrada em uma polia livre no eixo inferior. A polia do meio está fixa no referido eixo e tem uma pequena engrenagem cônica acoplada ao seu cubo. A polia à direita, que, como a da esquerda, está livre para girar no eixo, movimenta, transversalmente, outra engrenagem cônica. Uma terceira engrenagem cônica, livre para girar no eixo, é mantida por uma correia de atrito que é fixa na extremidade. Ao mover a correia na polia do meio, o resultado é um movimento simples, mas quando a correia é movida para a polia à direita, uma velocidade duas vezes maior é dada ao eixo. A correia de atrito, ou limitadora, na terceira engrenagem cônica serve para permitir que ela deslize um pouco em uma mudança repentina de velocidade.

62. Mecanismo para a transmissão de duas velocidades, uma das quais é um movimento diferencial e variável. É muito semelhante ao último, exceto que a terceira engrenagem cônica está conectada a uma quarta polia, à direita das outras três, e é movida por uma correia a partir de uma pequena polia no eixo acima. Quando a correia à esquerda está na polia que conduz a engrenagem cônica central e a polia à direita gira na mesma direção, a quantidade de rotação da terceira engrenagem cônica deve ser deduzida da dupla velocidade que o eixo teria se essa engrenagem estivesse em repouso. Se, pelo contrário, a correia da direita está cruzada de modo a girar a polia numa direção oposta, essa quantidade deve ser adicionada.

63. Salto ou movimento rotativo intermitente, usado para medidores e contadores de revolução. O gancho e a lingueta unida a ele, movidos por uma mola à esquerda, são levantados pelos pinos no disco à direita. Os pinos escapam primeiro da lingueta, que cai no próximo espaço da roda estrelada. Quando o pino escapa do gancho, a mola repentinamente joga o gancho para baixo, cujo pino golpeia a lingueta, que, por sua ação na roda estrelada, dá rapidamente uma parcela de uma revolução. Isso é repetido conforme cada pino passa.

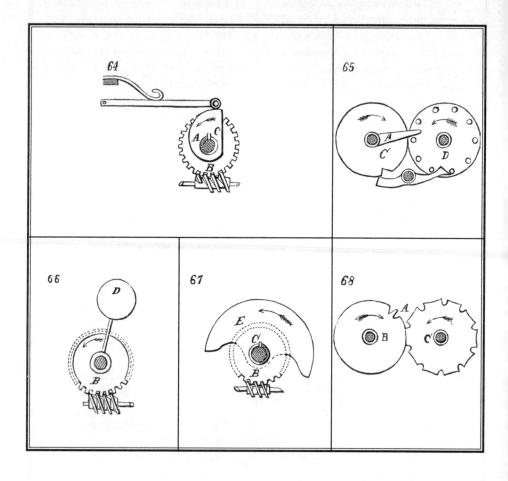

64. Outro arranjo de movimento em salto. Movimento é transmitido à engrenagem, **B**, pelo parafuso sem fim na parte inferior, que está acoplado ao eixo de transmissão. Sobre o eixo carregando a engrenagem, atua outro eixo oco, no qual está fixado o came, **A**. Um pequeno pedaço desse eixo oco é cortado ao meio. Um pino fixo no eixo da engrenagem gira o eixo oco e o came; a mola que pressiona no came segura o eixo contra o pino até que chega a um pouco mais que o mostrado na figura, quando, com a alteração do sentido da pressão devido à forma peculiar do came, este último cai de repente, independentemente da engrenagem, e permanece em repouso até que o pino o alcança, quando a mesma ação é repetida.

65. O disco da esquerda, **C**, é a roda motriz sobre a qual é fixada a haste, **A**. A outra roda ou disco, **D**, tem uma série de pinos equidistantes que se projetam da sua face. Cada rotação da haste atuando sobre um dos pinos na roda, **D**, faz com que esta última se movimente a distância de um pino. Para que essa distância não seja ultrapassada, um batente semelhante a uma alavanca é disposto em um centro fixo. Esse batente opera em um entalhe cortado na roda, **C**, e no instante em que a haste, **A**, atinge um pino, o entalhe encaixa na alavanca. Conforme a roda, **D**, gira, a extremidade entre os pinos é empurrada para fora, e a outra extremidade entra no entalhe; mas imedia-tamente na haste que está saindo do entalhe, a alavanca é novamente forçada para cima em frente ao próximo pino, e é lá segurada pela borda de **C** que pressiona sua outra extremidade.

66. Uma modificação de **64**; um peso, **D**, ligado a um braço fixo no eixo da engrenagem, usado em vez de mola e came.

67. Outra modificação de **64**; um peso ou um tambor rotativo, **E**, fixado em um eixo oco, é utilizado em vez de mola e came e opera em combinação com o pino, **C**, no eixo da engrenagem.

68. O dente único, **A**, da roda motriz, **B**, atua nos entalhes da roda, **C**, e gira esta última pela distância de um entalhe a cada revolução de **C**. Nenhuma parada é necessária nesse movimento, pois a roda motriz, **B**, serve de trava ao se encaixar nas cavidades cortadas na circunferência da roda, **C**, entre as ranhuras.

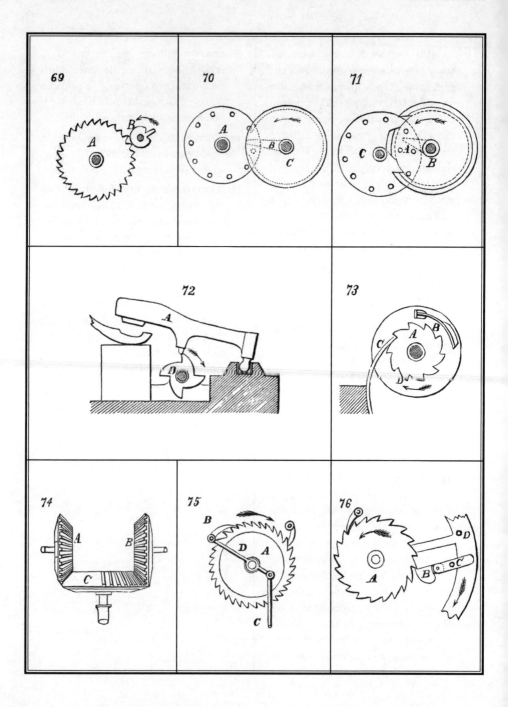

69. Uma pequena roda com um dente, **B**, é a condutora, e a circunferência que se aloja entre os dentes da roda, **A**, serve como uma trava ou parada, enquanto o dente da roda pequena está fora de operação.

70. A roda motriz, **C**, tem um aro, mostrado em contorno pontilhado, cujo exterior serve de mancal e uma parada para os pinos na outra roda, **A**, quando a haste, **B**, não tem contato com os pinos. Uma abertura nesse aro permite que um pino possa passar por dentro e outro por fora. A haste fica em frente ao meio dessa abertura.

71. A circunferência interior (ilustrada por linhas tracejadas) do aro da roda motriz, **B**, serve de trava contra a qual dois dos pinos na roda, **C**, repousam até que a haste, **A**, atinja um dos pinos; então, o próximo abaixo passa para fora do aro de proteção através do entalhe inferior e outro pino entra no aro através do entalhe superior.

72. Movimento de martelo inclinado. A revolução do came, ou alavanca de contato, **B**, levanta o martelo, **A**, quatro vezes em cada revolução.

73. A roda motriz, **D**, é presa a uma mola curvada, **B**; outra mola, **C**, está conectada a um suporte fixo. À medida que a roda, **D**, gira, a mola, **B**, passa por baixo da mola rígida, **C**, que a pressiona em um dente da roda de catraca, **A**, que por sua vez gira. A mola, **B**, sendo liberada em seu escape da mola rígida, **C**, permite que a roda, **A**, permaneça em repouso até **D** ter feito outra revolução. A mola, **C**, serve de parada.

74. Um movimento rotativo uniforme intermitente em sentidos opostos é dado às engrenagens cônicas, **A** e **B**, por meio da engrenagem cônica mutilada, **C**.

75. Movimento alternado retilíneo da haste, **C**, transmite um movimento circular intermitente para a roda, **A**, por meio da lingueta, **B**, na extremidade da barra oscilante, **D**.

76. Outro dispositivo para registrar ou contar revoluções. Um ressalto, **B**, apoiado no eixo fixo, **C**, é golpeado a cada rotação da roda maior (representada parcialmente) por um pino, **D**, acoplado à referida roda. Isso faz com que a extremidade do ressalto ao lado da roda de catraca, **A**, seja levantado e gire a catraca a distância de um dente. A haste regressa por seu próprio peso à sua posição original depois de o pino, **D**, ter passado; a extremidade é articulada para permitir que passe pelos dentes da roda de catraca.

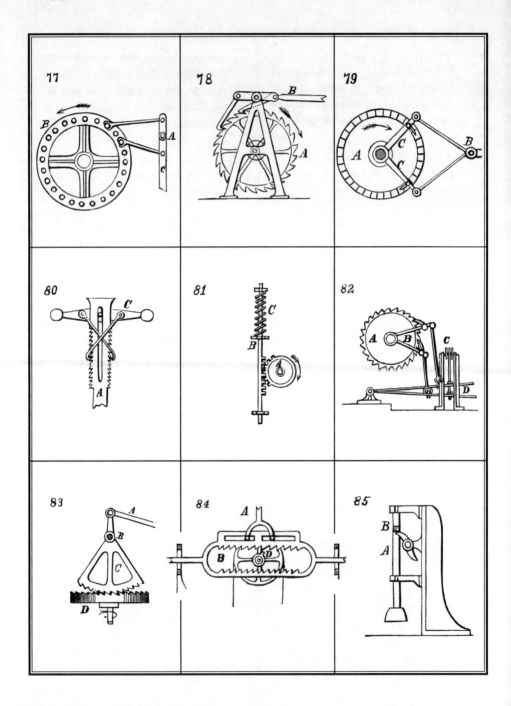

77. A vibração da alavanca, *C*, no eixo, *A*, produz um movimento rotativo da roda, *B*, por meio das duas linguetas, que atuam alternadamente. Esse é quase um movimento contínuo.

78. Uma modificação de 77.

79. O movimento alternado retilíneo da haste, *B*, produz um movimento de rotação quase contínuo da roda de catraca frontal, *A*, pelas linguetas ligadas às extremidades dos braços radiais oscilantes, *C, C*.

80. O movimento retilíneo é transmitido à barra ranhurada, *A*, pela oscilação da alavanca, *C*, por meio da ação de duas linguetas em formato de gancho, que se encaixam alternadamente nos dentes da barra ranhurada, *A*.

81. Movimento retilíneo alternado é dado à haste de cremalheira, *B*, pela revolução contínua da engrenagem mutilada, *A*. A mola helicoidal, *C*, força a haste de volta à sua posição original assim que os dentes da engrenagem, *A*, desacoplam da cremalheira.

82. Quando se movem os dois pedais, *D*, um movimento quase contínuo é transmitido pelos braços oscilantes, *B*, e linguetas ligadas a eles à roda de catraca, *A*. Uma corrente ou alça conectada a cada pedal passa sobre a roldana, *C*, e, quando um pedal é pressionado, o outro é elevado.

83. Um movimento rotativo quase contínuo é dado à roda, *D*, por dois arcos de roda dentada, *C*, cada um operando em um lado da roda de catraca, *D*. Esses arcos (apenas um dos quais é mostrado) estão fixos no mesmo eixo oscilante, *B*, e têm seus dentes ajustados de lados opostos. O eixo oscilante é atuado quando um movimento retilíneo alternado é dado à haste, *A*. Os arcos devem ter molas instaladas neles, de modo que cada um possa ser capaz de se levantar para permitir que seus dentes deslizem sobre aqueles da catraca ao mover-se em uma direção.

84. A estrutura de cremalheira dupla, *B*, é suspensa pela haste, *A*. Um movimento rotativo contínuo é dado ao came, *D*. Quando o eixo do came está no meio do caminho entre as duas cremalheiras, o came não atua sobre nenhuma delas; mas ao levantar ou abaixar a haste, *A*, a cremalheira inferior ou superior é levada ao alcance do came, e a estrutura move-se para a esquerda ou para a direita. Esse movimento tem sido usado em conexão com o governador de um motor, sendo a haste, *A*, conectada ao governador e a estrutura conectada à válvula de regulagem.

85. Movimento retilíneo intermitente alternado é dado à haste, *A*, pela rotação contínua do eixo que suporta os dois cames ou hastes, que agem sobre o batente, *B*, da haste, levantando-a. A haste cai por seu próprio peso. Usado para estampos de minério ou pulverizadores e para martelos.

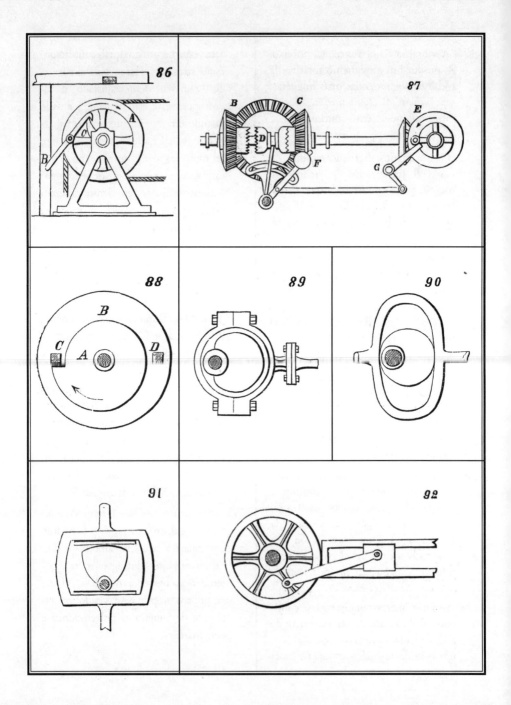

86. Um método de trabalhar uma bomba de movimento alternado a partir de movimentos rotativos. Uma corda, que carrega a haste da bomba, é presa à roda, *A*, que gira livremente sobre o eixo. O eixo possui um came, *C*, e tem um movimento rotativo contínuo. A cada revolução, o came se acopla ao prendedor em forma de gancho, *B*, ligado à roda, arrasta-o em conjunto com a roda e eleva a corda até que, na extremidade do prendedor que atinge o batente acima, o gancho é solto e a roda retorna pelo peso do balde da bomba.

87. Um dispositivo para um movimento autorreversível. A engrenagem cônica entre as engrenagens, *B* e *C*, é a condutora. As engrenagens, *B* e *C*, giram livremente sobre o eixo, consequentemente, o movimento só é comunicado quando uma ou outra está acoplada à caixa de embreagem, *D*, que desliza sobre um cursor no eixo e é mostrada engrenada com *C*. A roda, *E*, à direita, é conduzida pela engrenagem cônica do eixo no qual as engrenagens *B*, *C*, e a embreagem estão posicionadas e prestes a atingir a manivela de cotovelo, *G*, e produzir tal movimento, que fará com que a biela empurre a alavanca com um peso na ponta, *F*, para além de uma posição perpendicular, quando a referida alavanca pende de repente para a esquerda e leva a embreagem para engrenar com *B*, invertendo assim o movimento do eixo, até que o pino na roda, *E*, rotacionando no sentido contrário, traz a alavanca com o peso, *F*, de volta para além da posição perpendicular, e, assim, novamente faz com que o mecanismo inverta o movimento.

88. Movimento contínuo rotativo convertido em movimento rotativo intermitente. A roda do disco, *B*, que suporta os batentes, *C*, *D*, gira em um centro excêntrico ao came, *A*. Quando um movimento rotativo contínuo é dado ao came, *A*, é transmitido um movimento rotativo intermitente para a roda, *B*. Os batentes se livram do deslocamento do came a cada meia revolução, e a roda, *B*, permanece em repouso até que o came tenha completado sua revolução, quando o mesmo movimento é repetido.

89. Um eixo excêntrico geralmente utilizado na manivela de eixo para transmitir o movimento retilíneo alternado para as válvulas de motores a vapor e, às vezes, utilizado para bombeamento.

90. Uma modificação do anterior; um cabeçote alongado sendo movido por um came, para neutralizar a necessidade de qualquer movimento de vibração da haste que funciona em guias fixas.

91. Eixo triangular excêntrico, dando um movimento retilíneo alternado intermitente; usado na França para o movimento de válvulas de motores a vapor.

92. Movimento de manivela comum.

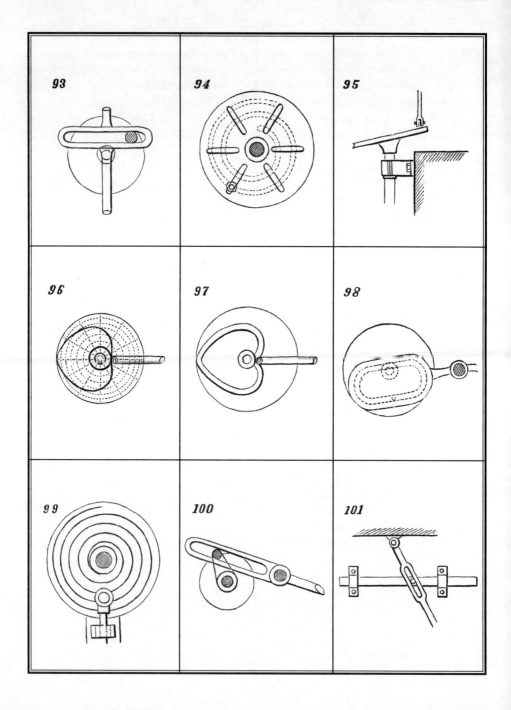

93. Movimento de manivela com o pino da biela atuando em um garfo ranhurado, dispensando a biela oscilante.

94. Manivela variável, duas placas circulares que giram no mesmo centro. Em uma delas, uma ranhura em espiral é cortada; na outra, uma série de ranhuras se disseminam a partir do centro. Ao girar uma dessas placas em torno do seu centro, o pino mostrado na parte inferior da figura, que passa pela ranhura em espiral e pelas ranhuras radiais, é levado a mover-se na direção ou a afastar-se do centro das placas.

95. Ao girar o eixo vertical, um movimento retilíneo alternado é transmitido pelo disco oblíquo para a haste vertical que repousa sobre a sua superfície.

96. Um came-coração. Um movimento de deslocamento uniforme é conferido à barra horizontal pela rotação do came em forma de coração. As linhas pontilhadas mostram o modo de criar a curva do came. O comprimento do movimento transversal é dividido em qualquer número de partes; e a partir do centro uma série de círculos concêntricos são feitos por esses pontos. O círculo exterior é então dividido em duas vezes o número dessas divisões, e linhas são desenhadas até o centro. A curva é desenhada pelas interseções dos círculos concêntricos e linhas radiais.

97. Este é um came-coração, semelhante a **96**, exceto por ser ranhurado.

98. Movimento de oscilação irregular é produzido pela rotação do disco circular, no qual é fixado um pino de manivela que atua em um sulco sem fim, cortado no braço oscilante.

99. Guia espiral ligado à face de um disco; usado para o movimento de avanço de uma máquina de perfuração.

100. Movimento de manivela de retorno rápido, aplicável a máquinas de moldar.

101. Movimento retilíneo de barra horizontal, realizado por meio da barra vibratória entalhada e pendurada no topo.

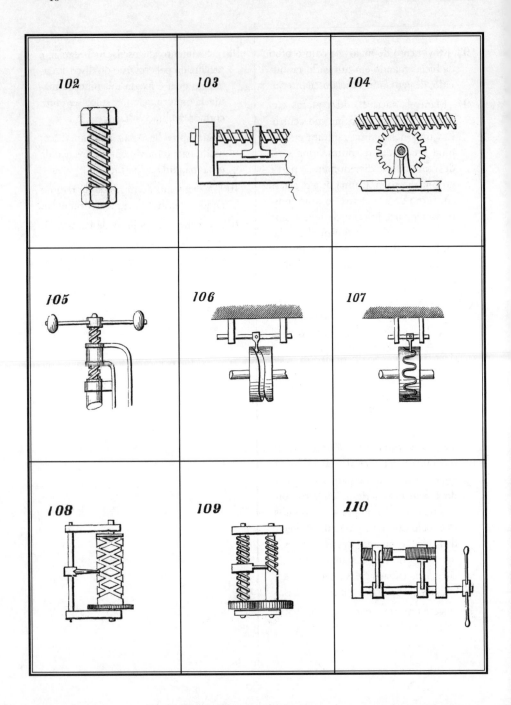

102. Parafuso e porca comuns; movimento retilíneo obtido a partir de movimento circular.

103. Movimento retilíneo da corrediça produzido pela rotação de um parafuso.

104. Neste, o movimento rotativo é dado à roda pela rotação do parafuso ou movimento retilíneo da corrediça pela rotação da roda. Usado no torneamento de parafusos e em tornos de avanço.

105. Parafuso de estampagem por pressão. Movimento retilíneo a partir de movimento circular.

106 e 107. Movimento uniforme alternado retilíneo, produzido pelo movimento rotativo de cames ranhurados.

108. Movimento uniforme alternado retilíneo a partir de movimento de rotação uniforme de um cilindro no qual são cortadas roscas ou ranhuras reversas, que necessariamente se cruzam duas vezes em cada revolução. Uma ponta inserida na ranhura irá percorrer o cilindro de ponta a ponta.

109. A rotação do parafuso no lado esquerdo produz um movimento retilíneo uniforme de um cortador que corta outra rosca de parafuso. O passo do parafuso a ser cortado pode ser variado, alterando-se os tamanhos das engrenagens na extremidade da estrutura.

110. Movimento circular uniforme em movimento retilíneo uniforme; usado em armações de carretéis para conduzir ou guiar o fio nos carretéis. O rolo é dividido em duas partes, cada uma tem uma rosca fina cortada sobre ele, um parafuso à direita e outro parafuso à esquerda. O eixo paralelo ao rolo tem braços que levam duas metades de porcas, montadas nos parafusos, uma sobre a outra sob o rolo. Quando uma metade de porca está engrenada, a outra não está. Ao pressionar a alavanca para direita ou esquerda, a haste se movimenta em ambas as direções.

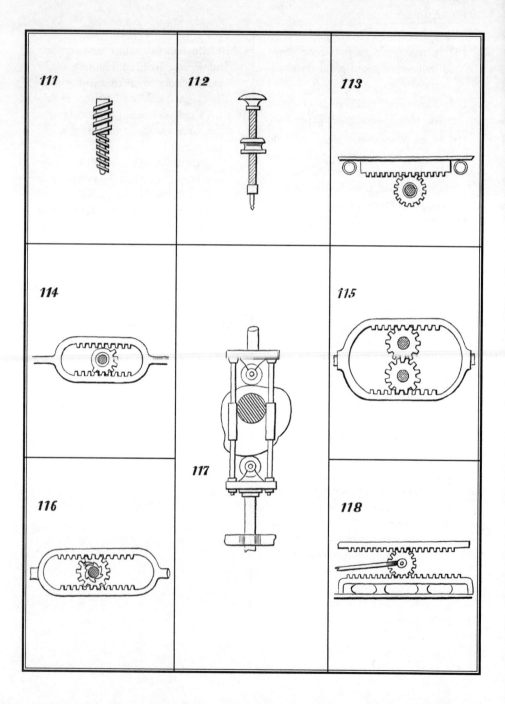

111. Parafuso de micrômetro. Uma grande potência pode ser obtida por este dispositivo. As roscas são feitas de passos diferentes e funcionam em direções diferentes, consequentemente, uma matriz ou porca ajustada ao parafuso interior e menor movimentaria apenas o comprimento da diferença entre os passos a cada revolução do parafuso oco exterior em uma porca.

112. Broca persa. O cabo da broca tem uma rosca bastante rápida cortada sobre ele e gira livremente, apoiado pela cabeça no topo, que repousa contra o corpo. O botão, ou a porca, mostrado no meio do parafuso é mantido firme na mão e puxado rapidamente para cima e para baixo do cabo, fazendo com que gire para a direita e esquerda alternadamente.

113. Movimento circular em retilíneo, ou vice-versa, por meio de cremalheira e pinhão.

114. Movimento circular uniforme em movimento alternado retilíneo, por meio de pinhão mutilado, que conduz alternadamente a cremalheira superior e inferior.

115. O movimento rotativo das engrenagens produz movimento retilíneo da cremalheira dupla e dá igual força e velocidade a cada lado, sendo as duas engrenagens de igual tamanho.

116. Um substituto para a manivela. O movimento retilíneo alternado da estrutura que suporta a cremalheira dupla produz um movimento rotativo uniforme no eixo do pinhão. Um pinhão separado é usado para cada cremalheira, estando as duas cremalheiras em planos diferentes. Ambos os pinhões estão livres para girar no eixo. Uma roda de catraca está fixa no eixo fora de cada pinhão, e uma lingueta está conectada ao pinhão para engatar na roda, sendo que uma roda de catraca tem seus dentes ajustados em uma direção e a outra tem seus dentes ajustados na direção oposta. Quando as cremalheiras se movem em uma direção, um pinhão gira o eixo por meio de sua lingueta e catraca; e quando as cremalheiras se movem na direção oposta, o outro pinhão atua da mesma maneira, de modo que um pinhão sempre gira livre no eixo.

117. Um came que atua entre dois rolos de fricção em um cabeçote. Era usado para dar movimento à válvula de uma máquina a vapor.

118. Um modo de dobrar o comprimento do curso de uma haste de pistão ou o avanço de uma manivela. Um pinhão rotativo em um eixo ligado à biela está engrenado em uma cremalheira fixa. Outra cremalheira levada por uma haste acima e engrenada com o lado oposto do pinhão é livre para mover-se para a frente e para trás. Agora, conforme a biela transmite ao pinhão o comprimento total do curso, faz com que a cremalheira superior atravesse a mesma distância, se a cremalheira inferior é similarmente móvel; porém, como a última é fixa, o pinhão gira e, consequentemente, a cremalheira superior se desloca o dobro da distância.

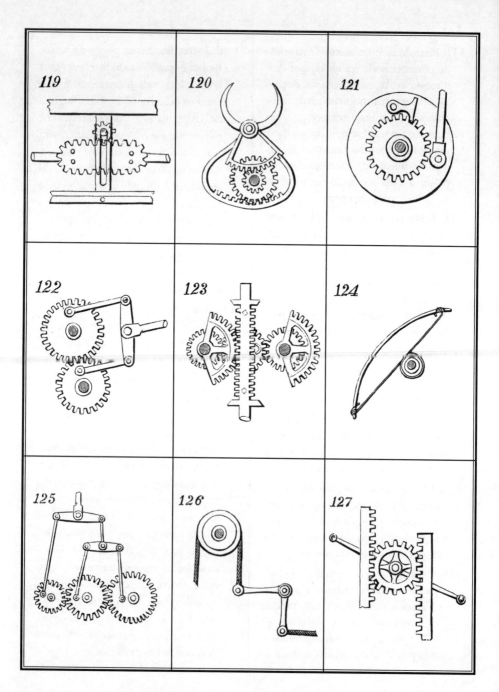

119. Movimento retilíneo alternado da barra que carrega a cremalheira oblonga sem fim, produzido pelo movimento rotativo uniforme do pinhão que atua alternadamente acima e abaixo da cremalheira. O eixo do pinhão move-se para cima e para baixo, e é guiado pela barra ranhurada.

120. Cada garra está conectada a um dos dois segmentos, um dos quais tem dentes externos e o outro, dentes internos. Ao girar o eixo que suporta os dois pinhões, um deles está engrenado com uma das garras e o outro, com o outro segmento; as garras são unidas com uma grande força.

121. O movimento alternado retilíneo da haste ligada ao disco produz um movimento de rotação intermitente da roda dentada por meio da trava ligada à roda. Esse movimento, que é reversível ao levantar a trava, é usado para a alimentação de máquinas de aplainar e outras ferramentas.

122. A rotação das duas engrenagens retas, com os pinos de biela acoplados, produz um movimento transversal alternado variável da barra horizontal.

123. Pretende ser um substituto da manivela. Um movimento alternado retilíneo da cremalheira dupla dá um movimento rotativo contínuo à engrenagem central. Os dentes da cremalheira atuam sobre os dentes das duas engrenagens seccionadas semicirculares, e as engrenagens inteiras fixadas às engrenagens seccionadas movem a engrenagem central. As duas paradas na cremalheira mostradas por linhas pontilhadas são apanhadas pela peça curvada na engrenagem do centro e fazem as engrenagens seccionadas engrenarem alternadamente com a cremalheira dupla.

124. Arco e broca. O movimento retilíneo alternado do arco, cuja corda passa em torno da roldana na haste que está conectada à broca, produz um movimento rotativo alternado da broca.

125. Uma modificação do movimento mostrado em **122**, mas de caráter mais complexo.

126. Uma alavanca de cotovelo, usada para mudar a direção de qualquer força.

127. Movimento utilizado em bombas de ar. Ao oscilar a alavanca fixada no mesmo eixo com a engrenagem, um movimento retilíneo alternado é transmitido para as cremalheiras em cada lado, que estão conectadas aos êmbolos de duas bombas, sendo que uma cremalheira sempre sobe enquanto a outra desce.

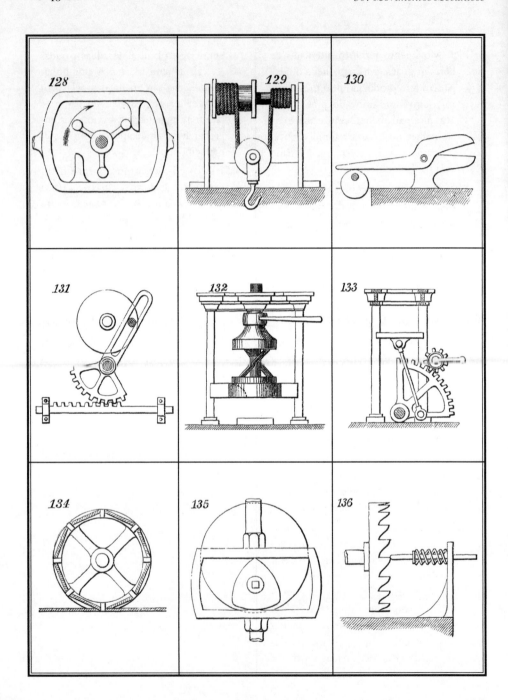

128. Um movimento de rotação contínua do eixo que suporta as três hastes produz um movimento retilíneo alternado da estrutura retangular. O eixo deve girar no sentido da seta para as partes estarem na posição representada.

129. Guincho chinês. Adota os mesmos princípios que o parafuso de micrômetro do movimento **111**. O movimento da polia em cada revolução do guincho é igual a metade da diferença entre as circunferências maiores e menores do cilindro do guincho.

130. Tesouras para cortar placas de ferro entre outras coisas. As garras são abertas pelo peso do braço longo da garra superior e fechadas pela rotação do came.

131. Ao girar o disco que transporta o pino de manivela que está acoplado ao braço ranhurado, um movimento retilíneo alternado é transmitido à cremalheira na parte inferior pela oscilação da engrenagem seccionada.

132. Este é um movimento que tem sido usado em prensas para produzir a pressão necessária sobre a mesa. Movimento horizontal é dado ao braço da alavanca que gira o disco superior. Entre os discos superior e inferior, estão duas barras que entram nos furos nos discos. Essas barras estão em posições oblíquas, como mostra o desenho, quando a prensa não está em operação; porém, quando o disco superior é posto para girar, as barras se movem para posições perpendiculares e forçam o disco inferior para baixo.

O disco superior deve ser firmemente fixado em uma posição estacionária, exceto quanto à sua revolução.

133. O movimento de prensa simples é dado por meio da manivela sobre o eixo de engrenagem; o pinhão comunica movimento à engrenagem seccionada, que atua sobre o cilindro de prensa, por meio da haste que conecta o cilindro de prensa à engrenagem seccionada.

134. Movimento circular uniforme para retilíneo realizado por meio de uma corda ou correia, que é enrolada uma ou mais vezes ao redor de um tambor.

135. Modificação do eixo triangular excêntrico do movimento **91**, usado na máquina a vapor da Casa da Moeda de Paris (França). O disco circular de trás carrega o ressalto triangular, que transmite um movimento retilíneo alternado para a haste da válvula. A válvula fica em repouso no fim de cada curso por um instante e é empurrada rapidamente através dos orifícios de entrada de vapor para o outro lado.

136. Uma roda de came, da qual é mostrada uma vista lateral, tem a sua borda composta de dentes ou feita de qualquer perfil desejado. A haste à direita pressiona constantemente contra os dentes ou arestas da borda. Ao girar a roda, um movimento alternado retilíneo é transmitido à haste. É possível variar a característica desse movimento alterando a forma dos dentes ou perfil da borda da aresta da roda.

507 Movimentos Mecânicos

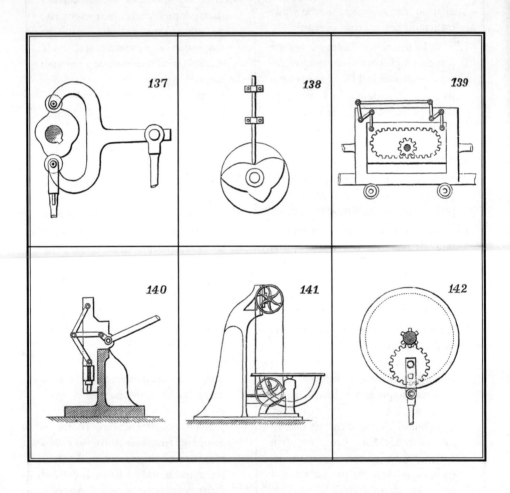

137. Expansão excêntrica utilizada na França para atuar a válvula corrediça de uma máquina a vapor. O came excêntrico é fixo no eixo de manivela e transmite o movimento ao braço de oscilação bifurcado, ao fundo do qual a haste da válvula está acoplada.

138. Ao girar o came na parte inferior, um movimento retilíneo alternado variável é transmitido à haste de repouso sobre ela.

139. A cremalheira interna, transportada pela estrutura retangular, é livre para deslizar para cima e para baixo dentro dela por certa distância, de modo que o pinhão pode engrenar com qualquer lado da cremalheira. O movimento circular contínuo do pinhão produz um movimento retilíneo de um movimento alternado da estrutura retangular.

140. Articulação de alavanca feita para uma máquina de puncionar. A alavanca à direita opera sobre a junta da alavanca por meio de um eixo de ligação horizontal.

141. Serra de fita sem fim. O movimento rotativo contínuo das polias produz um movimento retilíneo contínuo das partes retas da serra.

142. Movimento utilizado para alterar o comprimento da barra guia que, em maquinaria de seda, guia a seda para carretéis ou bobinas. A engrenagem, que gira livremente em seu centro, translada devido ao movimento do disco circular maior, que gira em um eixo central fixo e tem um pinhão fixo em sua extremidade. Sobre a engrenagem é parafusada uma pequena manivela, à qual é articulada uma biela ligada à barra guia em movimento. Ao girar o disco, a engrenagem gira parcialmente em seu centro por meio do pinhão fixo, e consequentemente traz a manivela mais próximo do centro do disco. Se a rotação do disco continuasse, a engrenagem faria uma revolução inteira. Durante meia revolução, o percurso teria sido encurtado certa quantidade a cada revolução do disco, de acordo com o tamanho da engrenagem; durante a outra metade, teria sido alongado gradualmente na mesma proporção.

143

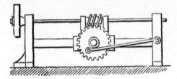

144

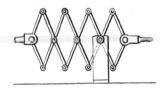

145

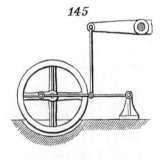

143. Movimento circular em movimento alternado retilíneo. O movimento é transmitido pela polia à esquerda sobre o eixo do parafuso sem fim. O parafuso avança sobre o eixo, mas gira com ele por causa de uma ranhura cortada no eixo e uma chaveta no cubo do parafuso. O parafuso sem fim é transportado por uma pequena estrutura de deslocamento que desliza sobre uma barra horizontal fixa, e a estrutura de deslocamento também transporta a engrenagem na qual o parafuso sem fim engrena. Uma extremidade de uma biela está conectada à estrutura fixa à direita, e a outra extremidade está conectada a uma junção fixada na roda dentada. Ao girar o eixo do sem fim, o movimento rotativo é transmitido pelo parafuso sem fim à engrenagem, que, enquanto gira, é forçada pela biela que faz um movimento transversal alternado.

144. Um sistema de alavancas cruzadas, chamado "hastes extensíveis". Um movimento retilíneo alternado curto da haste à direita dá um movimento semelhante mas muito maior à haste à esquerda. É frequentemente usado em brinquedos infantis. Foi utilizado na França como uma máquina para levantar embarcações afundadas; também foi aplicado a bombas de navios três quartos de século atrás.

145. O movimento alternado curvilíneo do braço de alavanca dá um movimento rotativo contínuo à manivela e à roda. O mancal pequeno à esquerda, o qual está ligado a uma extremidade da alavanca à qual o braço é ligado pela biela, tem um movimento alternado retilíneo horizontal.

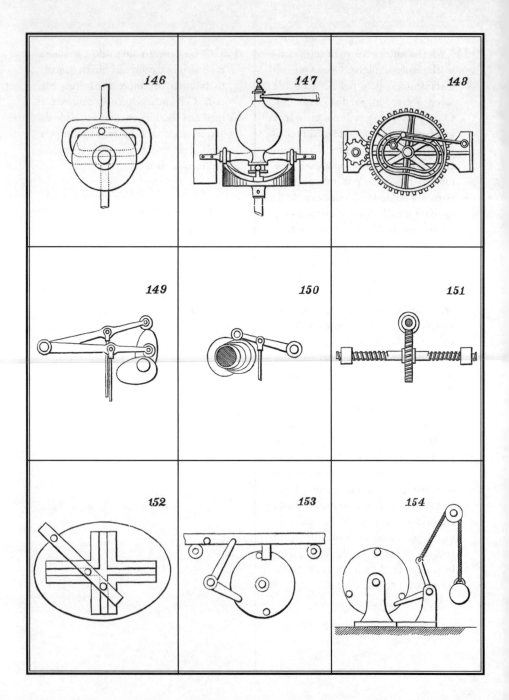

146. O movimento rotativo contínuo do disco produz um movimento retilíneo alternado da barra do garfo por meio do pino de biela sobre o disco que atua na ranhura do garfo. A ranhura pode ter um formato de modo a obter um movimento retilíneo alternado uniforme.

147. Governador de motor a vapor. Ele opera da seguinte forma: no arranque do motor, o eixo gira e roda o cabeçote ao qual estão ligadas as ventoinhas e no qual também estão montados dois rolos de fricção, que são suportados por dois planos inclinados circulares fixados firmemente ao eixo central, ficando o cabeçote livre para girar no eixo. O cabeçote é pesado ou tem uma bola ou outro peso conectado a ele e é conduzido pelos planos circulares inclinados. À medida que a velocidade do eixo central aumenta, a resistência do ar às pás das ventoinhas tende a retardar a rotação do cabeçote; então, os rolos de fricção movimentam-se pelos planos inclinados e elevam o cabeçote, à cuja parte superior está ligada uma alavanca que opera sobre a válvula de regulação do motor.

148. O movimento circular contínuo das engrenagens produz um movimento circular alternado da manivela unida à engrenagem maior.

149. Movimento circular uniforme convertido pelos cames que atuam sobre as alavancas em movimentos retilíneos alternados das hastes conectadas.

150. Um movimento de válvula para atuar o vapor expansivamente. A série de cames de tamanho variável é móvel longitudinalmente no eixo, de modo que qualquer um pode atuar sobre a alavanca à qual a haste da válvula está conectada. Um maior ou menor movimento da válvula é produzido, de acordo com um came de maior ou menor tamanho estar oposto à alavanca.

151. Movimento circular contínuo em movimento retilíneo contínuo, mas muito mais lento. O parafuso sem fim no eixo superior, que atua sobre a roda dentada no eixo rosqueado, faz com que os parafusos de rosca à direita e à esquerda movam as porcas, aproximando-as ou afastando-as, de acordo com o sentido de rotação.

152. Um elipsógrafo. A barra transversal (mostrada em posição oblíqua) transporta dois pinos que deslizam nas ranhuras da cruzeta. Ao girar a barra transversal, um lápis afixado descreve o desenho de uma elipse pelo movimento retilíneo dos pinos nas ranhuras.

153. Movimento circular em movimento alternado retilíneo. Os pinos no disco rotativo atingem o batente no lado inferior da barra horizontal, movendo-o em uma direção. O movimento de retorno é dado por meio da alavanca ou alavanca de cotovelo, um dos braços da qual é operado pelo próximo pino, e o outro atinge o pino na frente da barra horizontal.

154. Movimento circular em movimento retilíneo alternado pela ação dos pinos no disco rotativo sobre uma extremidade da manivela de cotovelo; a outra extremidade tem amarrada a ela um cabo com um peso que passa sobre uma polia.

— 54 — 507 Movimentos Mecânicos

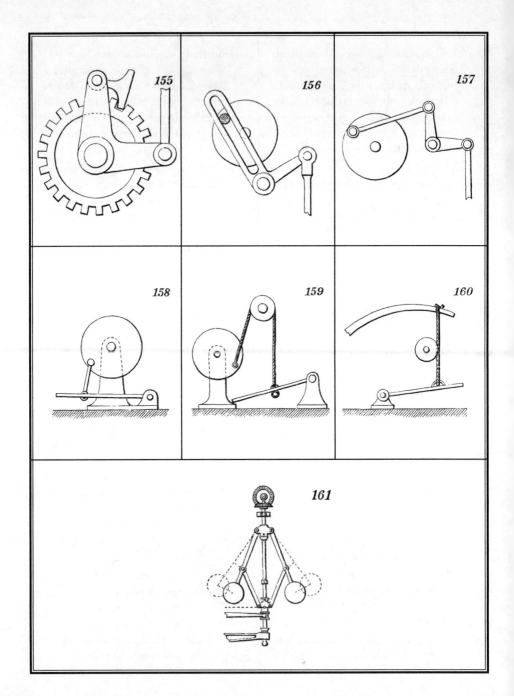

155. Movimento retilíneo alternado em movimento circular intermitente pela lingueta unida à alavanca de cotovelo e operando na roda dentada. O movimento é dado à roda em ambas as direções, de acordo com o lado no qual a lingueta atua. Isso é usado para dar o movimento de alimentação a máquinas de aplainar e outras ferramentas.

156. Movimento circular em movimento alternado retilíneo variável, realizado pelo pino de biela no disco rotativo, que atua na ranhura da manivela de cotovelo.

157. Uma modificação do último movimento descrito, em que uma biela substitui a ranhura na manivela de cotovelo.

158. O movimento curvilíneo alternado do pedal dá um movimento circular ao disco. Uma manivela pode substituir o disco.

159. Uma modificação de **158**, em que um cabo e uma polia substituem a biela.

160. Movimento curvilíneo alternado em movimento circular alternado. Quando o pedal é pressionado, a mola na parte superior eleva-o no próximo curso; a correia de ligação passa uma vez ao redor da polia, à qual dá movimento.

161. Governador centrífugo para motores a vapor. O eixo central e os braços e esferas acoplados são empurrados para fora do motor pelas engrenagens cônicas na parte superior, e as esferas giram para fora do centro pela força centrífuga. Se a velocidade do motor aumenta, as esferas voam para fora ainda mais longe do centro e então elevam a corrediça na parte inferior, reduzindo a abertura da válvula de regulagem, que está conectada à referida corrediça. Uma redução de velocidade produz um efeito oposto.

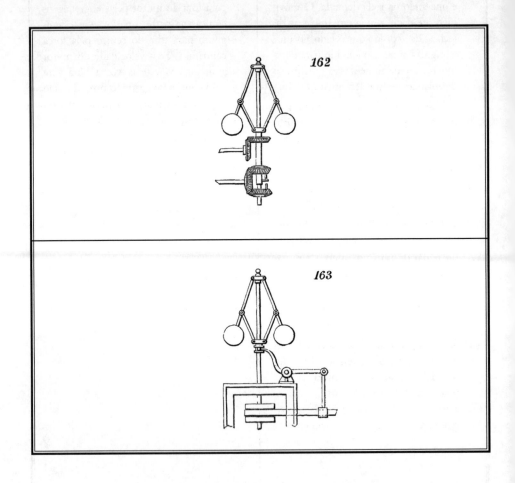

162. Um governador de roda-d'água que age com o mesmo princípio do **161**, mas por meios diferentes. O governador é conduzido pelo eixo horizontal superior e por engrenagens cônicas, e as engrenagens mais baixas controlam subida e descida da comporta ou do portão sobre ou pelo qual a água flui para a roda. O funcionamento ocorre da seguinte forma: as duas engrenagens cônicas na parte inferior do eixo central, que estão equipadas com pinos, ficam livres para girar no referido eixo e permanecem em repouso, desde que o governador tenha uma velocidade adequada, mas assim que a velocidade aumenta, as esferas, voando mais para fora, puxam o pino que está ligado a uma bucha livre que desliza para cima e para baixo no eixo, e esse pino, entrando em contato com o pino na engrenagem cônica superior, faz essa engrenagem girar com o eixo e dar movimento ao eixo horizontal inferior em dada direção que o faz levantar a comporta ou portão; assim, reduz-se a quantidade de água que passa para a roda. Ao contrário, se a velocidade do governador diminui abaixo da necessária, o pino abaixa e dá movimento à engrenagem cônica inferior, que aciona o eixo horizontal na direção oposta e produz um efeito contrário.

163. Outro arranjo para um governador de roda-d'água. Neste, o governador controla a comporta ou portão por meio da alavanca de manivela, que atua na cinta ou na correia da seguinte maneira: a correia funciona em uma das três polias, a do meio fica livre para girar no eixo do governador e a superior e a inferior são fixas no eixo. Quando o governador está funcionando na velocidade apropriada, a correia fica na polia livre, como mostrado, mas quando a velocidade aumenta, a correia é lançada na roldana inferior e, desse modo, é posta para atuar sobre as engrenagens adequadas para elevar o portão ou a comporta e diminuir o fornecimento de água. Uma redução da velocidade do governador leva a correia sobre a polia superior, que atua sobre as engrenagens para produzir um efeito oposto na comporta ou no portão.

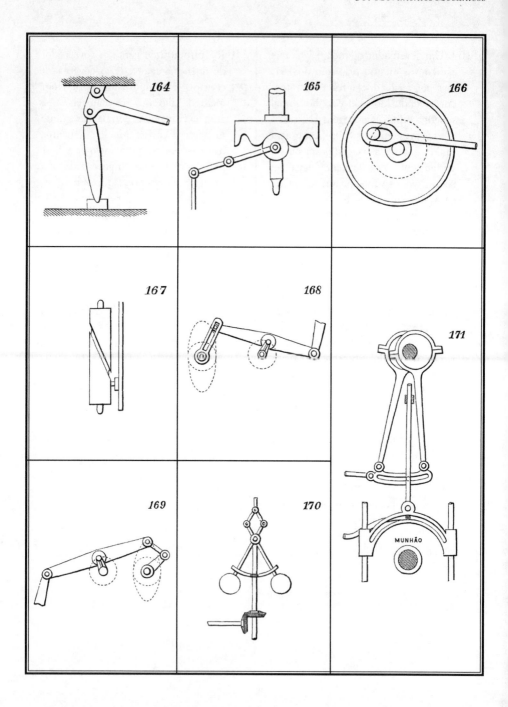

164. Uma alavanca de joelho, ligeiramente diferente da articulação de alavanca mostrada em **140**. É frequentemente usada para prensas e estampagem, uma vez que uma grande força pode ser obtida por ela. A ação é obtida levantando ou abaixando a alavanca horizontal.

165. Movimento circular em movimento retilíneo. A roda ondulada ou came sobre o eixo vertical transmite um movimento retilíneo para a barra vertical por meio da haste oscilante.

166. A rotação do disco que suporta o pino de manivela dá um movimento de ida e volta para a biela, e a ranhura permite que a biela permaneça em repouso ao término de cada curso; esse mecanismo tem sido usado em prensas de tijolo, nas quais a biela arrasta um molde para trás e para a frente e permite que descanse no final de cada curso, para que a argila possa ser depositada nele e o tijolo, extraído.

167. Um tambor ou cilindro com uma ranhura espiral sem fim que se estende ao redor dele; metade da ranhura tem seu passo em uma direção e a outra metade tem seu passo na direção oposta. Um pino em uma haste de movimento retilíneo alternado atua no encaixe e então converte movimento alternado em rotativo. Tem sido utilizado como substituto para a manivela de motores a vapor.

168. A manivela ranhurada à esquerda da figura está no eixo principal de um motor, e a biela que a conecta com a saída de potência de movimento alternado possui um pino que se move na ranhura da manivela. Entre a primeira manivela e a saída de potência há um eixo que suporta uma segunda manivela, de raio constante, conectada à mesma biela. Enquanto a primeira manivela se move numa órbita circular, o pino na extremidade da biela é obrigado a mover-se numa órbita elíptica, aumentando assim a alavancagem da manivela principal nos pontos que são mais favoráveis para a transmissão de potência.

169. Uma modificação de **168**, na qual é utilizada uma ligação para conectar a biela à manivela principal, dispensando a ranhura na referida manivela.

170. Outra forma de governador de motor a vapor. Em vez de os braços estarem conectados a uma corrediça em um eixo, cruzam-se mutuamente e são alongados para cima, além de sua parte superior, e conectados com a haste da válvula por duas ligações curtas.

171. Movimento de válvula e marcha reversa utilizados em motores marinhos oscilantes. As duas hastes excêntricas dão um movimento oscilante à conexão ranhurada que movimenta a corrediça curvada sobre o munhão. Dentro da ranhura na corrediça curvada há um pino ligado ao braço de uma haste que dá movimento à válvula. A curva da ranhura na corrediça é um arco de círculo descrito desde o centro do munhão e, à medida que se move com o cilindro, não interfere com o curso da válvula. Os dois eixos excêntricos e a haste de ligação são como aqueles do movimento de ligação usados em locomotivas.

— 60 — 507 Movimentos Mecânicos

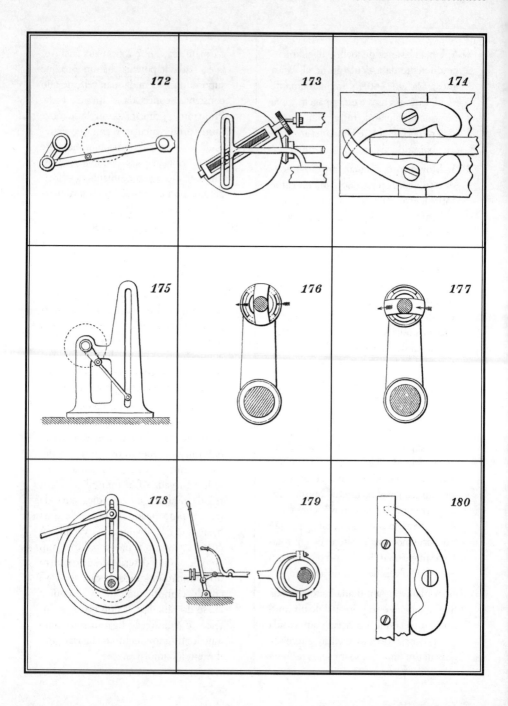

172. Um modo de obter um movimento elíptico em forma de ovo.

173. Um movimento usado em máquinas de fabricar seda para o mesmo propósito que o descrito em **142**. Na parte de trás de um disco ou engrenagem cônica, é fixado um parafuso com uma roda de empurrar em uma extremidade. A cada rotação do disco, a roda de empurrar entra em contato com um pino ou uma haste e assim recebe um movimento rotativo intermitente. Um pino preso a uma porca no parafuso encaixa em uma barra ranhurada na extremidade da haste que guia a seda nas bobinas. Cada revolução do disco altera o comprimento de curso da haste guia, enquanto a roda de empurrar na extremidade do parafuso gira o parafuso com ela, modificando a posição da porca no parafuso.

174. Braçadeira de mesa de carpinteiro. Ao empurrar a haste entre as garras, elas giram os parafusos e apertam os lados.

175. Um meio de dar uma revolução completa à manivela de um motor para cada curso do pistão.

176 e 177. Mecanismo para desacoplar motores. O pino que está fixo em um braço da manivela (não mostrado) transmite movimento ao braço da manivela que está representado, quando o anel sobre este último tem sua ranhura na posição mostrada em **176**. Mas quando o anel é girado para trazer a ranhura à posição ilustrada em **177**, o pino passa através da ranhura sem rodar a manivela à qual o referido anel está conectado.

178. Mecanismo para variar a velocidade da corrediça que transporta a ferramenta de corte em máquinas de entalhar, moldar etc. O eixo de acionamento atua através de uma abertura num disco fixo, no qual há uma ranhura circular. Na extremidade do referido eixo, há uma manivela ranhurada. Uma corrediça encaixa-se na ranhura da manivela e na ranhura circular; e à extremidade exterior dessa corrediça está ligada a biela que aciona a corrediça que suporta a ferramenta de corte. Quando o eixo de acionamento gira, a manivela é transportada circularmente e a corrediça que suporta a extremidade da biela é guiada pela ranhura circular, que é instalada excentricamente em relação ao eixo; portanto, à medida que a corrediça se aproxima do fundo, o comprimento da manivela é encurtado e a velocidade da biela diminui.

179. Marcha à ré para um único motor. Ao levantar a haste excêntrica, o eixo da válvula é solto. O motor pode então ser invertido ao mexer a alavanca vertical, e depois a haste excêntrica é abaixada novamente. O eixo excêntrico, nesse caso, está livre para girar e é acionado por uma projeção no eixo que age sobre uma projeção quase semicircular do lado excêntrico, o que permite que o excêntrico dê meia-volta sobre o eixo ao inverter as válvulas.

180. Este só difere de **174** por ser composto de uma única braçadeira articulada que funciona em ligação com uma peça lateral fixa.

507 Movimentos Mecânicos

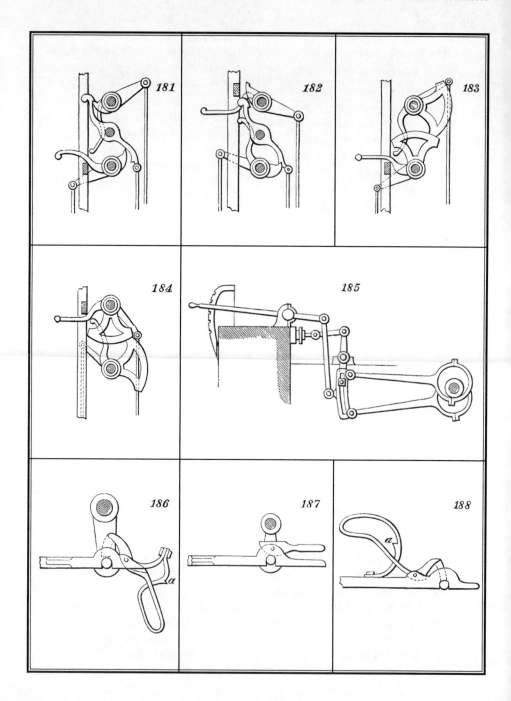

181 e 182. Trinco diagonal ou pegas manuais utilizadas em grandes motores sopradores e de bombeamento. Em **181**, a válvula de vapor inferior e a válvula de ejeção superior estão abertas, enquanto a válvula de vapor superior e a válvula de ejeção inferior estão fechadas; consequentemente, o pistão estará ascendendo. Na elevação da biela, o trinco inferior será atingido pelo batente que se projeta e, sendo levantado, ficará engatado pelo trinco e fechará as válvulas de elevação superior e de vapor inferior; ao mesmo tempo, quando a alça superior é desengatada do trinco, o peso traseiro puxa o trinco para cima e abre as válvulas de vapor superior e de ejeção inferior, quando o pistão consequentemente desce. **182** representa a posição dos trincos e alças quando o pistão está no topo do cilindro. Ao descer, o pino da biela atinge a alça superior e lança os trincos e alças na posição mostrada em **181**.

183 e 184. Representam uma modificação de **181** e **182**, sendo os trincos diagonais substituídos por dois quadrantes.

185. Movimento de conexão de mecanismo de válvulas de uma locomotiva. Dois eixos excêntricos são usados para uma válvula, um para o movimento do motor para a frente e outro para o movimento reverso. As extremidades dos eixos excêntricos são articuladas a uma barra ranhurada curva, ou, como é designada, um *elo*, que pode ser levantado ou abaixado por um arranjo de alavancas que terminam em uma haste, como mostrado. Na ranhura do elo está uma corrediça e um pino ligados a uma disposição de alavancas que terminam na haste da válvula de vapor. O elo, em movimento com a ação dos excêntricos, carrega com ele a corrediça; daí o movimento é comunicado à válvula. Suponha que o elo esteja levantado de modo que a corrediça esteja no meio, então o elo oscila no pino da corrediça e, consequentemente, a válvula fica em repouso. Se o elo é movido de modo que a corrediça esteja em uma de suas extremidades, é dada toda a descarga do eixo excêntrico conectado com essa extremidade, e a válvula e as saídas de vapor são abertas ao máximo, e somente no fim do curso são fechadas totalmente, consequentemente o vapor é admitido ao cilindro durante quase o comprimento inteiro de cada curso. Porém, se a corrediça estiver entre o meio e a extremidade da ranhura, como mostrado na figura, recebe apenas uma parte da descarga do excêntrico, e as aberturas de vapor são apenas parcialmente abertas e rapidamente fechadas novamente, de modo que a admissão de vapor cessa algum tempo antes do término do curso, e o vapor é trabalhado expansivamente. Quanto mais perto a corrediça estiver do meio da ranhura, maior será a expansão, e vice-versa.

186. Aparelho para desengatar o eixo excêntrico do mecanismo de válvula. Ao puxar para cima a alça de mola abaixo até que se encaixe no entalhe, *a*, o pino é desengatado do ressalto na haste excêntrica.

187 e 188. Modificações de **186**.

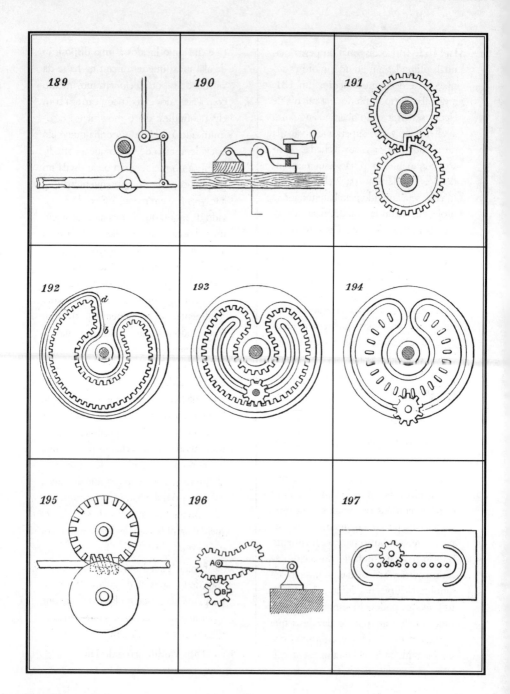

189. Outra modificação de **186.**

190. Uma braçadeira roscável. Ao girar a manivela, o parafuso empurra para cima contra o suporte, que, operando como uma alavanca, segura o pedaço de madeira ou outro material colocado sob ele no outro lado do seu fulcro.

191. Engrenagens volutas para a obtenção de velocidade gradualmente crescente.

192. Uma variação do que é chamado "roda de calandra". Uma variação está em **36.** Nesta, a velocidade varia em cada parte de uma revolução, e a ranhura, **b, d**, na qual o eixo do pinhão é guiado, como a série de dentes, é excêntrica ao eixo da roda.

193. Outro tipo de roda de calandra com seu pinhão. Nesta e também na da figura anterior, embora o pinhão continue a girar em uma direção, a roda de calandra fará quase uma volta inteira em uma direção e o mesmo na direção oposta, mas a revolução da roda em uma direção será mais lenta do que na outra, por conta do maior raio do círculo exterior de dentes.

194. Outra roda de calandra. Nesta, a velocidade é igual em ambas as direções de movimento, sendo fornecido apenas um círculo de dentes na roda. Em todas essas rodas de calandra, o eixo do pinhão é guiado e o pinhão é mantido engrenado por uma ranhura na roda. O referido eixo é feito com uma junta universal, o que permite que uma parte dele tenha o movimento oscilatório necessário para manter o pinhão engrenado.

195. Um modo de acionamento de um par de rolos de alimentação, cujas superfícies opostas necessitam se mover na mesma direção. As duas rodas são precisamente semelhantes e ambas engrenam no parafuso sem fim que está instalado entre elas. Só estão visíveis os dentes de uma das rodas, os da outra estão na parte traseira ou do lado que está escondido da imagem.

196. O pinhão, **B**, gira em torno de um eixo fixo e dá um movimento vibratório irregular ao braço que carrega a roda, **A**.

197. Mecanismo chamado "cremalheira calandra". Uma rotação contínua do pinhão dará um movimento alternado ao quadro retangular. O eixo do pinhão deve estar livre para subir e descer, para passar ao redor das guias nas extremidades da cremalheira. Esse movimento pode ser modificado da seguinte maneira: se o suporte retangular for fixo e o pinhão for fixado em um eixo feito com uma junta universal, a extremidade do eixo descreverá uma linha, semelhante à mostrada no desenho, ao redor da cremalheira.

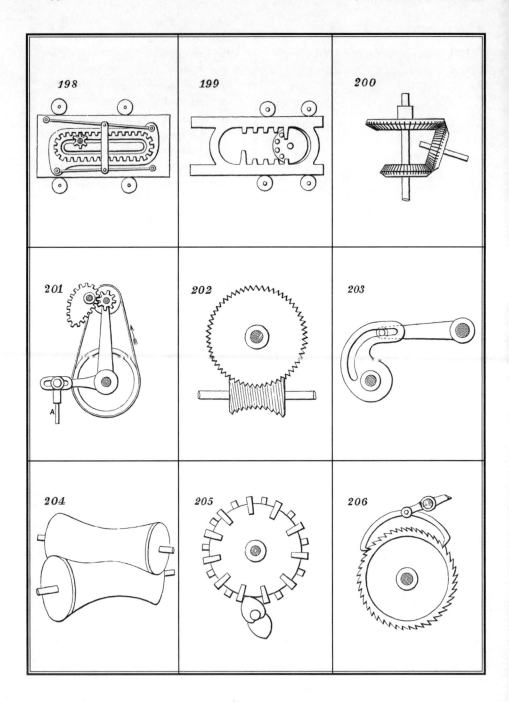

198. Uma modificação de **197.** Neste movimento o pinhão gira, mas não sobe e desce como na figura anterior. A porção do quadro que transporta a cremalheira é unida à porção principal da estrutura por hastes, de modo que, quando o pinhão chega à extremidade, levanta a cremalheira por seu próprio movimento e segue pelo outro lado.

199. Outra forma de cremalheira calandra. O pinhão de gaiola gira continuamente em um sentido e dá movimento alternado ao quadro retangular, que é guiado por rolos ou ranhuras. O pinhão tem dentes apenas em menos da metade da sua circunferência, de modo que, enquanto engata em um dos lados da cremalheira, a metade sem dentes é dirigida contra o outro lado. O grande dente no início de cada cremalheira garante que os dentes do pinhão sejam adequadamente engrenados.

200. Um modo de obter duas velocidades diferentes no mesmo eixo de uma roda motriz.

201. Uma rotação contínua do pinhão (obtida pela engrenagem de formato irregular à esquerda) dá um movimento de vibração variável ao braço horizontal e um movimento alternado variável à haste, **A**.

202. Parafuso sem fim e roda dentada. Modificação de **30**, usado quando se necessita de estabilidade ou alta potência.

203. Um movimento de oscilação regular do braço ranhurado curvo dá uma oscilação variável ao braço reto.

204. Uma ilustração da transmissão de movimento rotativo de um eixo para outro, dispostos obliquamente entre eles, por meio de contato de rolamento.

205. Representa uma roda acionada por um pinhão de dois dentes. O pinhão consiste, na realidade, de dois cames, que engrenam com duas séries distintas de dentes em lados opostos da roda, sendo que os dentes de uma série alternam em posição com as da outra.

206. Um movimento circular contínuo da roda de catraca, produzido pela vibração da alavanca que contém duas linguetas, uma das quais engata os dentes ao subir e a outra, ao descer.

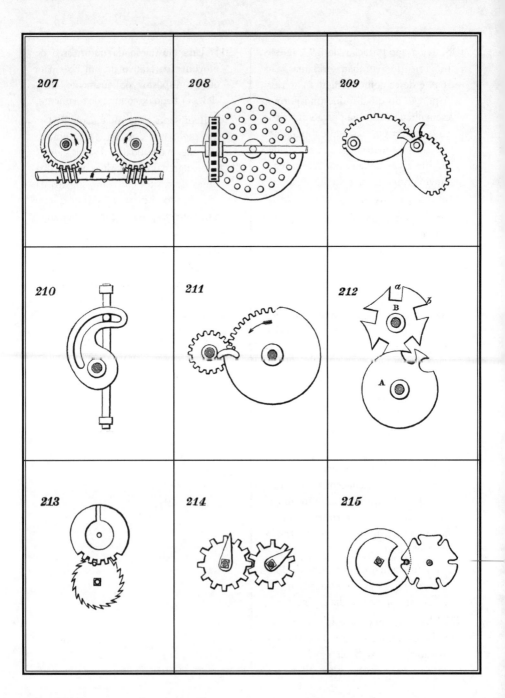

207. Uma modificação de **195** por conta de dois parafusos sem fim.

208. Uma roda de pinos com um pinhão de furos, através da qual três mudanças de velocidade podem ser obtidas. Existem três círculos de pinos de igual distância na face da roda de pinos, e, ao deslocar o pinhão furado ao longo do seu eixo, para trazê-lo ao contato com um ou outro dos círculos de pinos, faz-se um movimento rotativo contínuo da roda, produzindo três mudanças de velocidade do pinhão, ou vice-versa.

209. Representa um modo de obter movimento por contato de rolamento. Os dentes são para deixar o movimento contínuo, ou cessaria no ponto de contato mostrado na figura. O fecho bifurcado é para guiar os dentes em contato de forma adequada.

210. Ao girar o eixo que transporta o braço ranhurado curvo, é dado um movimento retilíneo de velocidade variável à barra vertical.

211. Um movimento rotativo contínuo da roda grande dá um movimento rotativo intermitente à coroa. A parte da coroa mostrada ao lado da roda possui a mesma curvatura que a parte lisa da circunferência da roda, portanto, serve de trava enquanto a roda faz parte de uma revolução e até que o pino sobre a roda atinja a peça guia sobre o pinhão, quando a coroa começa outra revolução.

212. Mecanismo chamado "parada de Genebra", usado em relógios suíços para limitar o número de revoluções ao se dar corda; a parte curvada convexa, *a*, *b*, da roda, *B*, serve de parada.

213. Outro tipo de parada para o mesmo propósito.

214 e 215. Outras modificações de paradas, cujas operações serão facilmente compreendidas por uma comparação com **212**.

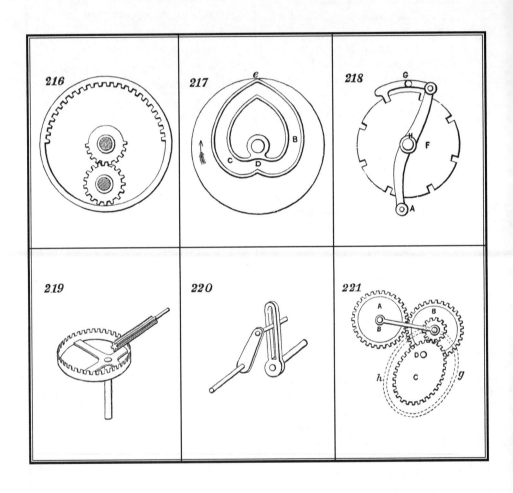

216. As rodas dentadas externas e internas mutiladas atuam alternadamente com o pinhão e dão um lento movimento para a frente e um rápido movimento reverso.

217 e 218. São partes do mesmo movimento, que tem sido usado para dar movimento ao rolo em máquinas de pentear lá. O rolo ao qual a roda, *F* (**218**), está segura necessita fazer um terço de uma revolução para trás, depois dois terços de uma revolução para a frente, quando deve parar até que outro comprimento de fibra penteada esteja pronto para a entrega. Isso é conseguido pelo came de coração ranhurado, *C, D, B, e* (**217**), com o pino, *A*, atuando na dita ranhura; de *C* para *D,* ele move o rolo para trás, e de *D* para *e* move-o para a frente, sendo o movimento transmitido pelo pino, *G*, à roda de entalhe, *F*, no eixo de rolamento, *H*. Quando o pino, *A*, chega ao ponto, *e*, no came, um ressalto na parte de trás da roda que leva o came atinge a peça saliente no pino, *G*, e o eleva para fora do entalhe na roda, *F*, de modo que, enquanto o pino se desloca no came de *e* para *C*, o pino está passando sobre a superfície plana entre os dois entalhes na roda, *F*, sem transmitir qualquer movimento; porém, quando o pino, *A*, chega à parte, *C*, a lingueta se encaixou em outro entalhe e está outra vez pronta para mover a roda, *F*, e o rolo conforme necessário.

219. Movimento circular variável por roda tipo coroa e pinhão. A roda tipo coroa é posicionada excentricamente ao eixo, consequentemente o raio relativo muda.

220. Os dois eixos de manivela são paralelos na direção, mas não alinhados um com o outro. A revolução de um ou de outro transmitirá movimento ao outro com uma velocidade variável, porque o pino da biela de uma manivela que atua na ranhura do outro muda continuamente sua distância em relação ao eixo do último.

221. Movimento circular irregular transmitido à roda, *A*. *C* é uma engrenagem elíptica que gira ao redor do centro, *D*, e é o eixo motriz. *B* é um pequeno pinhão com dentes de mesmo passo, engrenando com *C*. O centro desse pinhão não é fixo, mas transportado por um braço ou quadro que oscila em um centro, *A*, de modo que, enquanto *C* gira, o quadro sobe e desce para permitir que o pinhão permaneça engrenado com ele, apesar da variação no seu raio de contato. Para manter os dentes de *C* e *B* engrenados a uma profundidade adequada, impedindo-os de montar uns sobre os outros, a roda, *C*, tem anexada a ela uma placa que se estende para além dela e possui uma ranhura, *g*, *h*, de forma elíptica semelhante, para a recepção de um pino ou pequeno rolo ligado ao braço vibratório concêntrico com o pinhão, *B*.

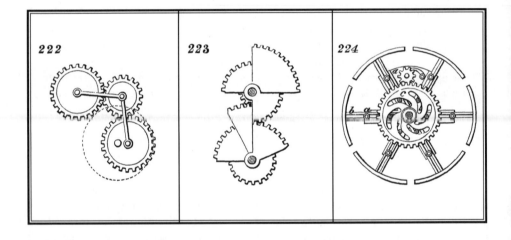

222. Se a roda excêntrica descrita na última figura for substituída por uma engrenagem cilíndrica comum que se move num centro excêntrico de movimento, um simples elo conectando o centro da roda ao do pinhão com o qual engrena manterá o contato apropriado dos dentes de uma maneira mais simples do que a ranhura.

223. Um arranjo para a obtenção de um movimento circular variável. As seções das engrenagens estão dispostas em planos diferentes, e a velocidade relativa muda de acordo com os respectivos diâmetros das seções.

224. Representa uma polia de expansão. Ao girar o pinhão, *d*, para a direita ou para a esquerda, um movimento semelhante é transmitido à roda, *c*, que, por meio de ranhuras curvas nela cortadas, empurra os pinos fixados aos braços da polia para fora ou para dentro, aumentando ou diminuindo o tamanho da polia.

— 74 — *507 Movimentos Mecânicos*

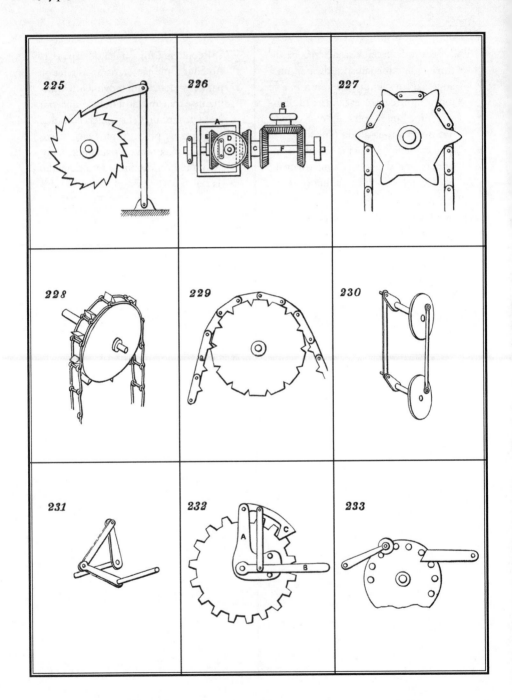

225. Movimento circular intermitente da roda de catraca a partir do movimento vibratório do braço que possui uma lingueta.

226. Este movimento é projetado para dobrar a velocidade por engrenagens de diâmetros e número de dentes iguais – um resultado que se supunha impossível. São utilizadas seis engrenagens cônicas. A engrenagem do eixo, *B*, está engrenada com duas outras, uma no eixo, *F*, e outra no mesmo eixo oco com *C*, que gira livremente sobre *F*. A engrenagem, *D*, é transportada pela estrutura, *A*, que, estando fixa no eixo, *F*, gira e, portanto, carrega *D* ao redor com ela. *E* fica livre para girar no eixo, *F*, e engrena com *D*. Agora, suponha que as duas engrenagens no eixo oco, *C*, sejam removidas e *D* seja impedida de girar em seu eixo; uma revolução dada à engrenagem em *B* faz com que a estrutura, *A*, também receba uma revolução e, uma vez que essa estrutura leva consigo a engrenagem, *D*, engrenando com *E*, uma revolução é conferida a *E*; mas se as engrenagens no eixo oco, *C*, são substituídas, *D* recebe também uma revolução em seu eixo durante a revolução de *B* e, assim, produz duas revoluções de *E*.

227. Representa uma corrente e polia. Como os elos estão em planos diferentes, deixam espaços entre eles para os dentes da polia se encaixarem.

228. Outro tipo de corrente e polia.

229. Outra variação.

230. Movimento circular duplicado. As hastes de ligação estão dispostas de modo que, quando um par de elos conectados está sobre o ponto morto, ou na extremidade do seu curso, o outro está perpendicular; o movimento contínuo é assim assegurado sem uma roda de volante.

231. Movimento de manivela dupla. Um movimento circular é transmitido de uma manivela para outra.

232. Movimento circular intermitente é transmitido à roda dentada por meio da vibração do braço, *B*. Quando o braço, *B*, é levantado, a lingueta, *C*, é levantada entre os dentes da roda e, dirigindo-se para trás sobre a circunferência, volta a descer entre dois dentes ao abaixar o braço e carrega com ela a roda.

233. Mostra dois tipos diferentes de parada para engrenagem de gaiola.

— 76 —
507 Movimentos Mecânicos

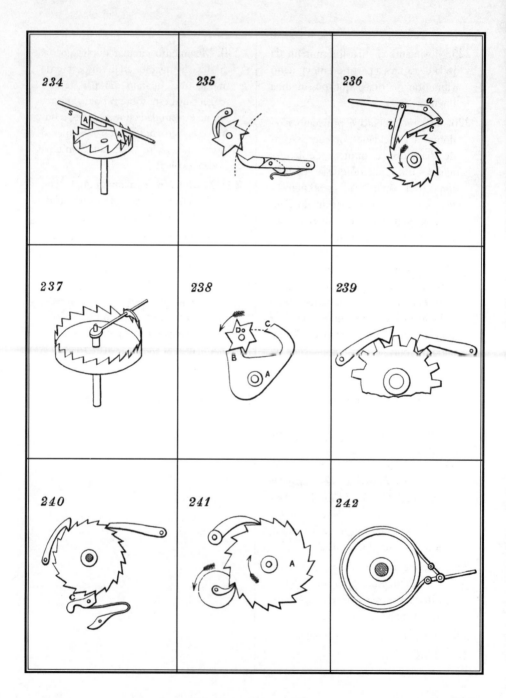

234. Representa um escapamento de borda. Ao oscilar a haste, *S*, a roda tipo coroa tem um movimento rotativo intermitente.

235. A oscilação do braço com uma lingueta à direita produz um movimento rotativo intermitente da roda de catraca. A pequena mola na parte inferior do braço mantém a lingueta na posição mostrada no desenho à medida que o braço sobe, mas permite que passe pelos dentes no movimento de retorno.

236. Um movimento circular quase contínuo é dado à roda de catraca ao vibrar a alavanca, *a*, à qual estão conectadas as duas linguetas, *b* e *c*.

237. Um movimento circular alternado do braço superior faz com que a lingueta conectada a ele produza um movimento circular intermitente da catraca tipo coroa ou roda dentada.

238. Um escapamento. *D* é a roda de escape e *C* e *B* são as paletas. *A* é o eixo das paletas.

239. Um arranjo de paradas para uma engrenagem de dentes retos.

240. Representa variedades de paradas para uma roda de catraca.

241. Um movimento circular intermitente é conferido à roda, *A*, pelo movimento circular contínuo da roda menor com um dente.

242. Um freio de cinta, usado em guindastes e máquinas de içamento. Ao puxar para baixo a extremidade da alavanca, as extremidades da correia de freio são puxadas uma em direção à outra, e a correia é apertada na roda de freio.

507 Movimentos Mecânicos

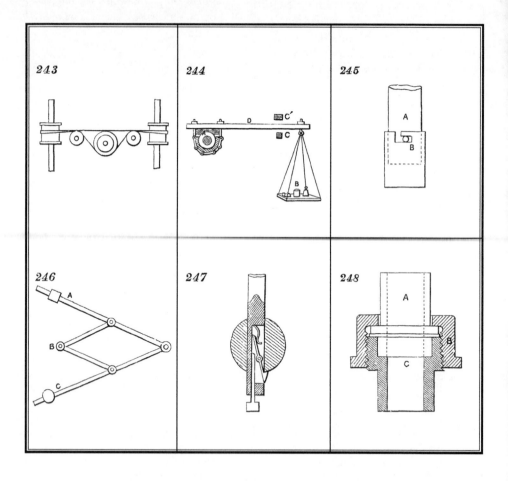

243. Representa um modo de transmissão de potência de um eixo horizontal para dois verticais por meio de polias e uma correia.

244. Um dinamômetro ou um instrumento usado para determinar a quantidade de efeito líquido dado por qualquer força motriz. É utilizado da seguinte forma: *A* é uma polia suavemente girada, fixada em um eixo o mais próximo possível da força motriz. Dois blocos de madeira são instalados nessa polia, ou um bloco de madeira e uma série de tiras presas a uma correia ou corrente, como no desenho, em vez de um bloco comum. O bloco ou blocos e as tiras são dispostos de tal modo que podem pressionar a roldana por meio de parafusos e porcas na parte superior da alavanca, *D*. Para estimar a quantidade de potência transmitida pelo eixo, só é necessário determinar a quantidade de atrito do tambor, *A*, quando este está em movimento, e o número de revoluções realizadas. Na extremidade da alavanca, *D*, é pendurada uma balança, *B*, em que pesos são colocados. Os dois batentes, *C, C'*, destinam-se a manter a alavanca tão perto quanto possível de uma posição horizontal. Agora, suponha que o eixo esteja em movimento, os parafusos são apertados e os pesos, adicionados a *B*, até que a alavanca tome a posição mostrada no desenho após o número de revoluções necessário. Portanto, o efeito líquido seria igual ao produto dos pesos multiplicado pela velocidade na qual o ponto de suspensão dos pesos giraria se a alavanca estivesse conectada ao eixo.

245. Junta de baioneta. Ao girar a peça, *A*, é libertada da ranhura em forma de L no encaixe, *B*, quando então pode ser retirada.

246. Representa um pantógrafo para cópia, ampliação e redução de desenhos etc. Um braço está anexado e gira no ponto fixo, *C*. *B* é uma ponta de traçado de marfim, e *A* é o lápis. Dispostos como mostrado, se traçamos as linhas de um plano com a ponta, *B*, o lápis vai reproduzi-las com o dobro do tamanho. Ao deslocar a corrediça ligada ao ponto fixo, *C*, e a corrediça que transporta o lápis ao longo dos respectivos braços, a proporção à qual o plano é traçado varia.

247. Um modo de soltar um peso de sonda para medir a profundidade da água. Quando a peça que se projeta a partir do fundo da haste atinge o fundo do mar, é forçada para cima com relação à haste e retira o prendedor de baixo do peso, que cai e permite que a haste seja levantada sem ele.

248. Acoplamento por união. *A* é um tubo com um pequeno flange apoiado contra o tubo, *C*, com uma extremidade roscada; *B* é uma porca que os mantém juntos.

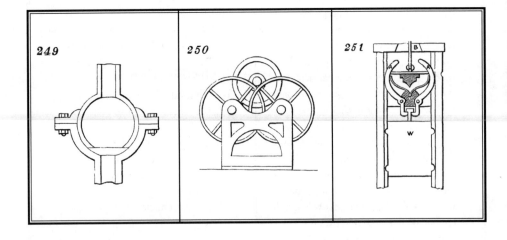

249. Junta de esfera, disposta para uma tubulação.

250. Mancal antifricção. Em vez de um eixo que gira em um mancal normal, este é apoiado na circunferência das rodas. Assim, tem-se o menor atrito possível.

251. Gancho de desengate usado em máquinas bate-estacas. Quando o peso, W, está suficientemente elevado, as extremidades superiores dos ganchos, A, por meio dos quais o peso está suspenso, são pressionadas para dentro pelos lados da cavidade, B, no topo da armação; o peso é assim repentinamente liberado e cai com força acumulada sobre a cabeça da estaca.

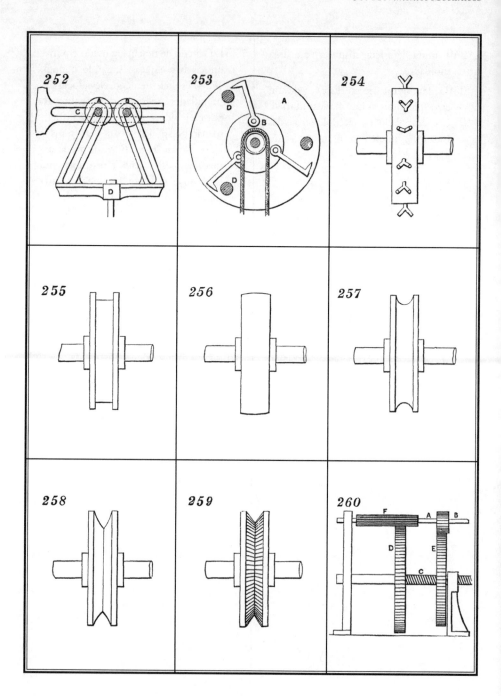

252. *A* e *B* são dois rolos que precisam ser igualmente movidos para a esquerda e a direita na ranhura, *C*. Isso é conseguido movendo a peça, *D*, com braços ranhurados oblíquos para cima e para baixo.

253. Ganchos centrífugos de verificação, para evitar acidentes em caso de quebra de máquinas que elevam e abaixam trabalhadores, minérios etc., em minas. *A* é uma armação fixada ao lado do eixo da mina e possui pinos fixos, *D*, acoplados. O tambor no qual a corda está enrolada é provido de um flange, *B*, ao qual os ganchos de verificação estão ligados. Se o tambor adquire um movimento perigosamente rápido, os ganchos voam para fora pela força centrífuga, e um ou outro ou todos se prendem nos pinos, *D*, e seguram o tambor, parando a descida daquilo que estiver ligado à corda. O tambor deve, além disso, ter uma mola conectada a ele, senão o tranco decorrente da parada repentina da corda pode produzir efeitos piores do que seu movimento rápido.

254. Uma roda dentada para conduzir ou ser conduzida por uma corrente.

255. Uma polia flangeada para conduzir ou ser conduzida por uma correia plana.

256. Uma polia simples para uma correia plana.

257. Uma polia de ranhura côncava para uma correia redonda.

258. Uma polia ranhurada em V de superfície lisa para uma correia redonda.

259. Uma polia ranhurada em V cuja ranhura tem entalhes para aumentar a adesão da correia.

260. Um movimento diferencial. O parafuso, *C*, atua em uma porca segura no cubo da roda, *E*, estando a porca livre para girar em um mancal no suporte mais curto, mas impedida pelo mancal de qualquer movimento lateral. O eixo rosqueado está fixo na roda, *D*. O eixo de acionamento, *A*, carrega dois pinhões, *F* e *B*. Se esses pinhões fossem de um tamanho tal que girassem as duas rodas, *D* e *E*, com uma velocidade igual, o parafuso permaneceria em repouso; mas como as referidas rodas giram com velocidades desiguais, o parafuso se desloca de acordo com a diferença de velocidade.

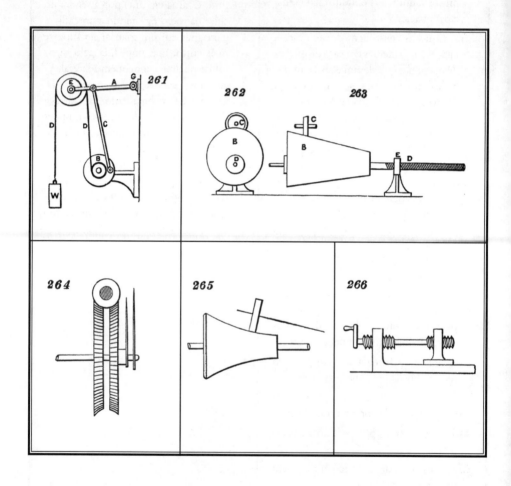

261. Um movimento de combinação, no qual o peso, *W*, se move verticalmente com um movimento alternado; sendo que o curso descendente é mais curto que o curso ascendente. *B* é um disco giratório que transporta um tambor que enrola em si a corda, *D*. Um braço, *C*, é articulado ao disco e ao braço, *A*, de modo que, quando o disco gira, o braço, *A*, move-se para cima e para baixo, vibrando no ponto, *G*. Esse braço carrega consigo a polia, *E*. Suponha que separemos a corda do tambor e o amarremos a um ponto fixo e, então, movamos o braço, *A*, para cima e para baixo: o peso, *W*, moverá pela mesma distância e, além disso, a distância dada pela corda, ou seja, o movimento, será duplicado. Agora liguemos o cabo ao tambor e giremos o disco, *B*, e o peso vai se mover verticalmente com o movimento alternado, em que o curso descendente será mais curto que o curso ascendente, porque o tambor está continuamente segurando a corda.

262 e 263. A primeira destas figuras é uma vista posterior; a segunda uma vista lateral de uma disposição de um mecanismo para obter uma série de mudanças de velocidade e direção. *D* é um parafuso em que é colocado excentricamente o cone, *B*, e *C* é um rolo de fricção que é pressionado contra o cone por uma mola ou peso. O movimento rotativo contínuo, a uma velocidade uniforme, do parafuso, *D*, que transporta o cone excêntrico, resulta em uma série de mudanças de velocidade e

direção para o rolo, *C*. Compreende-se que, durante cada revolução do cone, o rolo pressionaria contra uma parte diferente do cone e que descreveria uma espiral de mesmo passo que o parafuso, *D*. O rolo, *C*, receberia um movimento alternado, sendo o movimento em uma direção mais curto que na outra.

264. Duas coroas sem fim de igual diâmetro, mas uma com um dente a mais que a outra, ambas engrenadas com o mesmo parafuso sem fim. Suponha que a primeira roda tenha 100 dentes e a segunda, 101, uma roda ganha uma volta sobre a outra durante a passagem de 100×101 dentes de qualquer roda através do plano de centros, ou durante 10×100 revoluções do parafuso sem fim.

265. Movimento variável. Se o tambor cônico tem um movimento circular regular e faz-se o rolo de fricção percorrê-lo longitudinalmente, obtém-se um movimento rotativo variável do rolo de fricção.

266. O eixo tem dois parafusos de diferentes passos cortados sobre ele, um parafuso em um mancal fixo e o outro em um mancal que se move livremente para a frente e para trás. O movimento giratório do eixo dá um movimento retilíneo ao mancal móvel, com uma distância igual à diferença de passos a cada revolução.

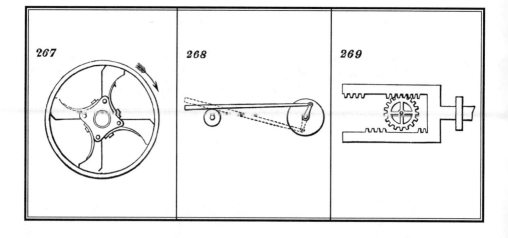

267. Polia de fricção. Quando o aro gira no sentido contrário ao da seta, dá movimento ao eixo por meio dos braços articulados excêntricos; mas quando gira no sentido da seta, os braços ativam as articulações e o eixo fica em repouso. Os braços ficam fixos à borda por molas.

268. Movimento circular em movimento alternado por meio de manivela e haste oscilante.

269. O movimento retilíneo contínuo do suporte com cremalheira mutilada dá um movimento giratório alternado para a engrenagem reta.

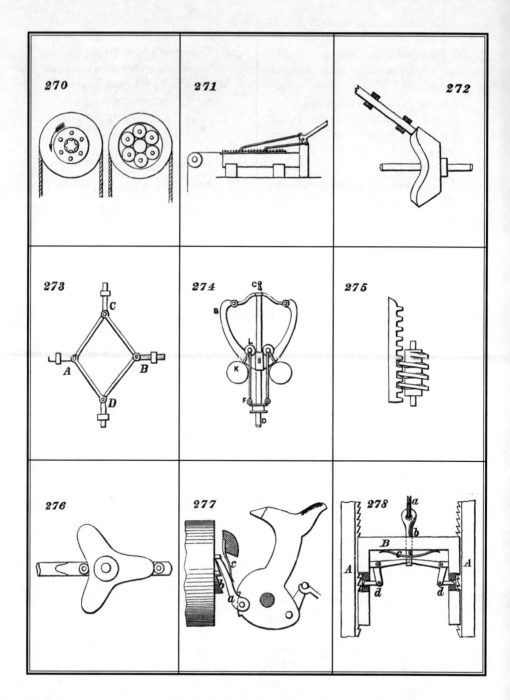

270. Rolamento antifricção para uma polia.

271. Ao vibrar a alavanca à qual estão ligadas as duas linguetas, um movimento retilíneo quase contínuo é dado à barra de catraca.

272. O movimento giratório do came de disco cônico dá um movimento retilíneo alternado à haste encostada em sua circunferência.

273. Movimento retilíneo em movimento retilíneo. Quando as hastes, *A* e *B*, se aproximam, as hastes, *C* e *D*, se afastam, e vice-versa.

274. Um motor governador. A elevação e a queda das esferas, *K*, são guiadas pelos braços curvados parabólicos, *B*, sobre os quais correm as rodas antifricção, *L*. As hastes, *F*, que se conectam às rodas, *L*, com a bucha movem-na para cima e para baixo no eixo, *C, D*.

275. O movimento giratório do parafuso sem fim dá um movimento retilíneo à cremalheira.

276. O movimento rotativo contínuo do came dá um movimento retilíneo alternado à barra. O came possui igual distância em todas as direções medidas através de seu centro.

277. Invenção de coronel Colt para obter um movimento giratório do cilindro de uma arma de fogo por meio da armação do martelo. À medida que o martelo é puxado para trás para engatilhar, o cão, *a*, ligado ao tambor, atua sobre a catraca, *b*, na parte traseira do cilindro. O cão é mantido na catraca por uma mola, *c*.

278. Parada de segurança de C. R. Otis para plataforma de um aparelho de elevação. *A* são as colunas estacionárias e *B* é a parte superior da plataforma que trabalha entre elas. A corda, *a*, por meio da qual a plataforma é içada, é presa por um pino, *b*, e uma mola, *c*, e o pino está conectado por duas alavancas de cotovelo com duas linguetas, *d*, as quais atuam em catracas fixadas às colunas, *A*. O peso da plataforma e a tensão da corda mantêm as linguetas fora do encaixe das catracas durante a elevação ou descida da plataforma, mas, caso o cabo se rompa, a mola, *c*, pressiona para baixo o pino, *b*, e as extremidades das alavancas, pressionando as linguetas nas catracas interrompendo a queda da plataforma.

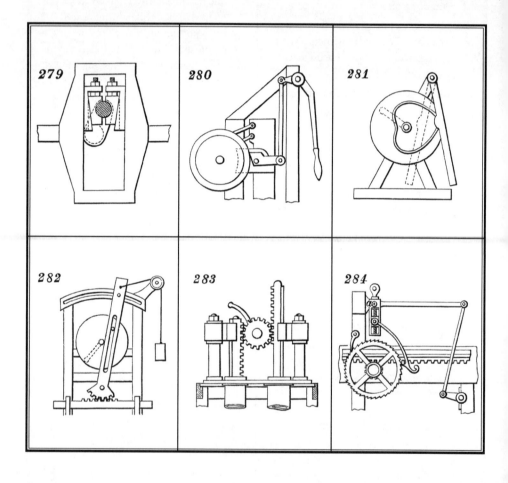

279. Manivela e cruzeta ranhurada, com caixa do munhão deslizante de Clayton aplicada ao cursor da manivela. Essa caixa consiste em duas peças de forro cônico e duas contrachavetas cônicas ajustáveis por parafusos, que servem ao mesmo tempo para apertar a caixa no pino da biela e para acoplá-lo à ranhura na cruzeta conforme o mancal e o pino se desgastam.

280. Um modo de atuar um guincho. Pelo movimento alternado da alavanca longa para a direita, o movimento é transmitido à alavanca curta, cuja extremidade está em contato imediato com o aro da roda. A alavanca curta tem um movimento muito limitado sobre um pino, que é fixado num bloco de ferro fundido feito com duas garras, cada uma com um flange que se projeta para dentro em contato com a superfície interior do aro da roda. Pelo movimento ascendente da extremidade exterior da alavanca curta, o aro da roda é emperrado entre a extremidade da alavanca e os flanges do bloco, de forma a criar atrito suficiente para girar a roda pelo movimento ascendente adicional da alavanca. O movimento para trás da roda é impedido por uma roda de catraca comum e linguetas; conforme a alavanca curta é empurrada para baixo, libera a roda e desliza livremente sobre ela.

281. A revolução do disco faz com que a alavanca à direita oscile devido ao pino que se move na ranhura na face do disco.

282. Pela revolução do disco em que está fixado um pino que se movimenta em uma ranhura na barra vertical que gira sobre um centro perto da parte inferior, ambas as extremidades da barra realizam um movimento transversal, e a secção dentada produz um movimento alternado retilíneo na barra horizontal, na parte inferior, e também um movimento perpendicular alternado do peso.

283. A partir de um movimento vibratório da alavanca, um movimento é transmitido pelo pinhão às cremalheiras. É usado na operação de bombas de ar pequenas para experimentos científicos.

284. Representa um aparelho de alimentação para o leito de uma máquina de serrar. Pela revolução da manivela na parte inferior da figura, movimento alternado é transmitido ao braço horizontal da alavanca de cotovelo, cuja articulação está em *a*, perto do canto superior esquerdo da figura. Desse modo, o movimento é transmitido à trava conectada ao braço vertical da alavanca, e a trava transmite movimento à roda de catraca, sobre cujo eixo está um pinhão dentado atuando na cremalheira conectada ao lado do transporte. A alimentação é modificada por um parafuso na alavanca de cotovelo.

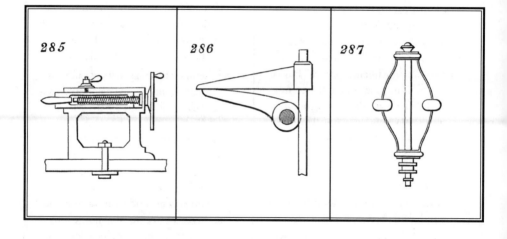

285. Cabeça móvel de um torno mecânico. Ao girar a roda para a direita, um movimento é transmitido ao parafuso, produzindo um movimento retilíneo do eixo em cuja extremidade o centro é fixo.

286. Biqueira e levantador para válvulas de gatilho em máquinas a vapor. A biqueira curva sobre o eixo oscilante opera no levantador conectado à haste para elevar a válvula.

287. Governador de Pickering. As esferas estão ligadas a molas cujas extremidades superiores estão ligadas a um colar fixo no eixo, ao passo que as extremidades inferiores estão ligadas a um colar na bucha deslizante. As molas cedem em um grau adequado à força centrífuga das esferas e elevam a bucha; e à medida que a força centrífuga diminui, puxam as esferas em direção ao eixo e abaixam a bucha.

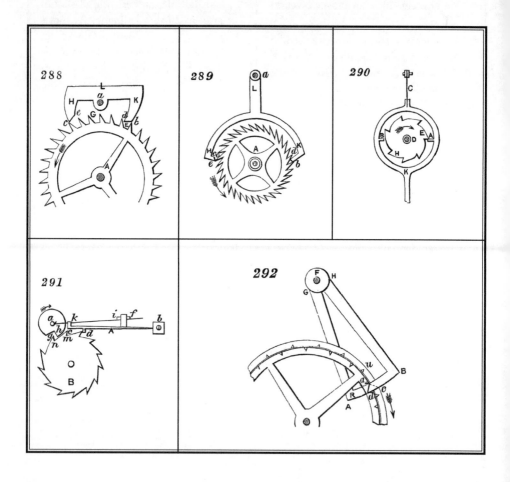

288 e 289. O primeiro é o que se denomina escapamento de *recuo*, e o último é um escapamento de *repouso* ou *batimento morto* para relógios. As mesmas letras de referência indicam partes similares em ambos. Pela oscilação do pêndulo, a âncora, **H**, **L**, **K**, vibra sobre o eixo, **a**. Entre as duas extremidades, ou paletas, **H**, **K**, é colocada a roda de escape, **A**, cujos dentes vêm alternadamente contra a superfície exterior da paleta, **K**, e a superfície interior da paleta, **H**. Em **289**, essas superfícies são cortadas em uma curva concêntrica com o eixo, **a**; consequentemente, durante o tempo que um dos dentes está contra a paleta, a roda permanece perfeitamente em repouso, por isso o nome escapamento de *repouso* ou de *batimento morto*. Em **288,** as superfícies são de uma forma diferente, a qual não precisa ser explicada, uma vez que é possível entender que qualquer forma não concêntrica com o eixo, **a**, deve produzir um ligeiro recuo da roda durante a fuga do dente; por isso o termo escapamento de *recuo*. Quando as paletas deixam os dentes, a cada oscilação do pêndulo, as extremidades dos dentes deslizam ao longo das superfícies, **c**, **e** e **d**, **b**, e dão impulso suficiente para o pêndulo.

290. Outro tipo de escapamento de pêndulo.

291. Cronômetro de Arnold ou escapamento livre, às vezes usado em relógios. Uma mola, **A**, é fixa ou rosqueada contra a placa do relógio em **b**. Do lado inferior dessa mola está fixado um pequeno batente, **d**, contra o qual descansam sucessivamente os dentes da roda de escape, **B**; na parte superior da mola está fixado um parafuso, **i**, segurando uma mola mais leve e mais flexível que passa sob um gancho, **k**, na extremidade de **A**, de modo que fica livre ao ser pressionada, mas, ao se elevar, levanta **A**. No eixo de balanço fica um pequeno pino, **a**, que toca a mola fina em cada oscilação da roda de balanço. Quando o movimento acontece na direção mostrada pela seta, o pino, ao passar, pressiona a mola, mas ao retornar eleva-se à mola, **A**, e ao batente, **d**, permitindo que um dente da roda de escape passe, deixando-os cair imediatamente para prender o próximo. Ao mesmo tempo que esse dente escapa, outro atinge a lateral do entalhe, **g**, e restaura à roda de balanço a força perdida durante uma vibração. Deve-se compreender que apenas em um ponto o movimento livre de balanço se opõe durante uma oscilação.

292. Escapamento de viga, usado em relógios grandes. Uma paleta, **B**, atua na frente da roda e a outra, na parte traseira. Os pinos estão dispostos da mesma maneira e repousam alternadamente sobre a paleta frontal ou traseira. Como a curva das paletas é um arco descrito a partir de **F**, é um escapamento de *repouso* ou *batimento morto*.

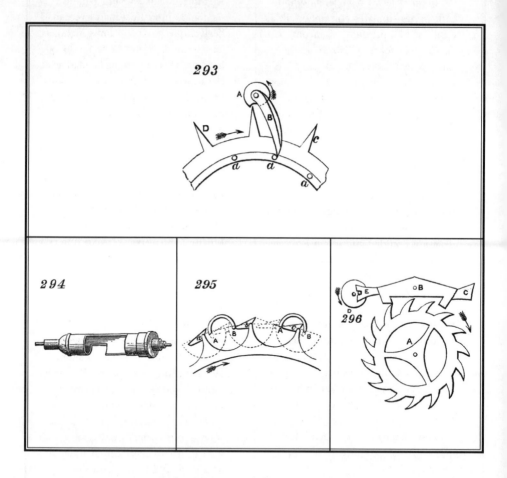

293. Escapamento dúplex, para relógios pequenos, assim chamado por compartilhar características de pinhão e coroa. O eixo de balanço transporta a paleta, *B*, que, em cada oscilação, recebe um impulso dos dentes da coroa. No eixo, *A*, da roda de balanço, há um entalhe no qual os dentes ao redor da borda da roda se alocam sucessivamente após cada um dos dentes da coroa passar pela paleta de impulso, *B*.

294 e 295. Um escapamento cilíndrico. A figura **294** mostra o cilindro em perspectiva e a **295** mostra parte da roda de escape em escala maior, representando as diferentes posições do cilindro, *A*, *B*, durante uma oscilação. As paletas, *a*, *b*, *c*, na roda repousam alternadamente no interior e exterior do cilindro. Na parte superior do cilindro está conectada a roda de balanço. As paletas da roda são chanfradas a fim de manter o impulso do balanço deslizando contra a borda chanfrada do cilindro.

296. Escapamento de alavanca. A âncora, *B*, que carrega as paletas, está acoplada à alavanca, *E*, *C*, em uma extremidade em que há um entalhe, *E*. Em um disco preso à roda de balanço, está fixado um pequeno pino que entra no entalhe no meio de cada oscilação, fazendo com que a paleta entre e saia de entre os dentes da roda de escape. A roda dá um impulso a cada uma das paletas alternadamente, assim que deixam um dos dentes, e a alavanca dá impulso à roda de balanço em direções opostas alternadamente.

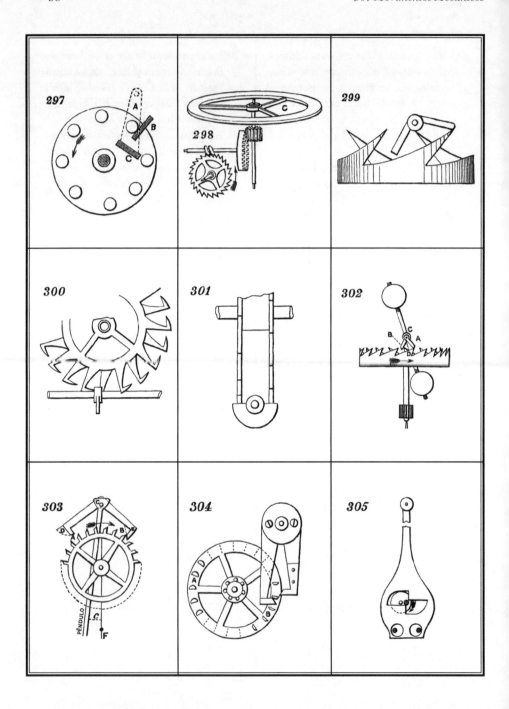

297. Um escapamento com uma engrenagem de gaiola. Um braço, *A*, conduz as duas paletas, *B* e *C*.

298. Um antiquado escapamento de relógios pequenos.

299. Um antiquado escapamento de relógio.

300 e 301. Um escapamento de relógio; **300** é uma vista frontal e **301** uma vista lateral. A paleta sofre a ação dos dentes de uma e de outra das duas rodas de escape alternadamente.

302. Escapamento de roda de balanço. *C* é o balanço; *A*, *B*, são as paletas; *D* é a roda de escapamento.

303. Um escapamento de pêndulo de repouso. A face interna da paleta, *E*, e a face externa de *D* são concêntricas com o eixo sobre o qual as paletas oscilam, portanto, não há recuo.

304. Escapamento de pino-roda, de certa forma parecido com o escape de viga mostrado em **292**. Os pinos, *A*, *B*, da roda de escapamento possuem dois formatos diferentes, mas o formato daqueles do lado direito é melhor. Uma vantagem desse tipo de escapamento é que, se um dos pinos estiver danificado, pode ser facilmente substituído, ao passo que, se um dente estiver danificado, a roda inteira está arruinada.

305. Um escapamento de pêndulo de um único pino. A roda de escape é um disco muito pequeno com um único pino excêntrico; faz meia revolução para cada batida do pêndulo, dando o impulso nas faces verticais das paletas, cujas faces horizontais são de repouso. Esse mecanismo também pode ser adaptado a relógios pequenos.

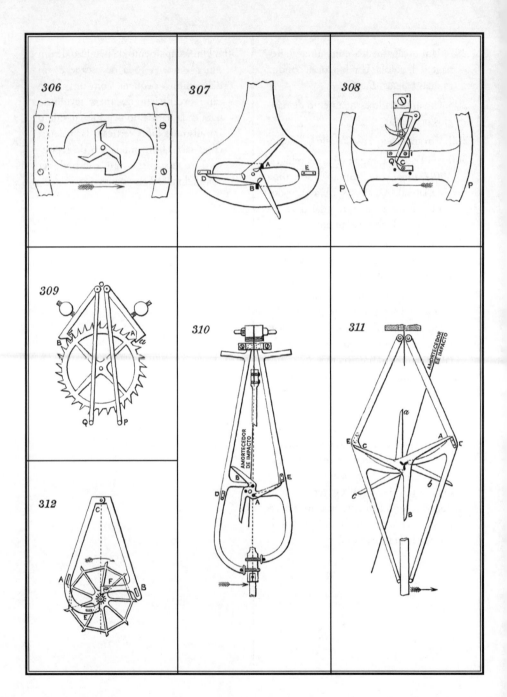

306. Escapamento de pêndulo de três pernas. As paletas estão posicionadas em uma abertura em uma placa acoplada ao pêndulo, e os três dentes da roda de escape operam alternadamente nas paletas superior e inferior. Um dente é mostrado em operação na paleta superior.

307. Uma modificação do anterior com dentes longos de parada, *D* e *E*. *A* e *B* são as paletas.

308. Um escapamento de pêndulo separado, deixando o pêndulo, *P*, livre ou separado da roda de escape, exceto no momento de receber o impulso e destravar a roda. Há apenas uma paleta, *I*, que recebe impulso somente durante as oscilações do pêndulo para a esquerda. A alavanca, *Q*, bloqueia a roda de escape até pouco antes do momento de dar o impulso, quando a roda é destravada pelo gancho, *C*, anexado ao pêndulo. Conforme o pêndulo volta para a direita, o gancho, que oscila em um eixo, é afastado pela alavanca.

309. Escapamento à gravidade de Mudge. As paletas, *A*, *B*, em vez de estarem em uma roda, estão em duas, como mostrado em *C*. O pêndulo oscila entre os pinos do garfo, *P*, *Q*, e assim levanta uma das paletas da roda em cada oscilação. Quando o pêndulo retorna, a paleta cai com ele, e o peso da paleta dá o impulso necessário.

310. Escapamento à gravidade de três pernas. O levantamento das paletas, *A* e *B*, é feito por três pinos perto do centro da roda de escape, e as paletas oscilam a partir de dois centros na proximidade do ponto de suspensão do pêndulo. A roda de escape é travada por meio dos batentes, *D* e *E*, sobre as paletas.

311. Escapamento à gravidade duplo de três pernas. Duas rodas de bloqueio, *A*, *B*, *C* e *a*, *b*, *c*, são utilizadas com um conjunto de pinos de elevação entre elas. As duas rodas ficam separadas o suficiente para permitir que as paletas permaneçam entre elas. Os dentes da primeira roda de bloqueio mencionada são parados por um batente, *D*, em uma paleta, e os da outra roda por um batente, *E*, na outra paleta.

312. Escapamento à gravidade de Bloxam. As paletas são levantadas alternadamente pela roda pequena, e a parada é feita pela ação dos batentes, *A* e *B*, na roda maior. *E* e *F* são os pinos de garfo que entram em contato com o pêndulo.

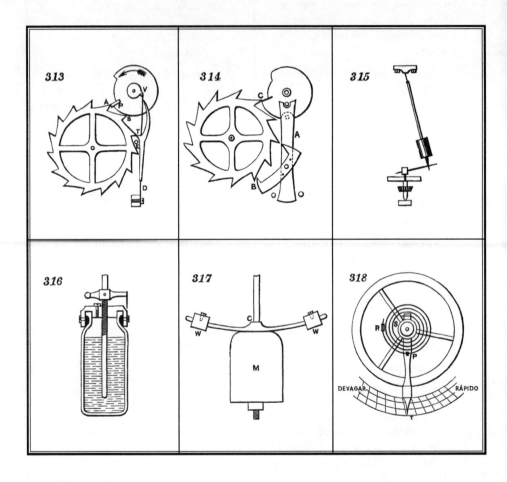

313. Escapamento de cronômetro, a forma hoje comumente construída. À medida que a roda de balanço gira na direção da seta, o dente, *V*, com sua ponta, pressiona a mola de lâmina contra a alavanca, pressionando-a e removendo o retentor do dente da roda de escape. À medida que a roda de balanço retorna, o dente, *V*, pressiona de lado e passa a mola sem mover a alavanca, que então repousa contra o batente, *E*. *P* é a única paleta sobre a qual o impulso é dado.

314. Escapamento de alavanca de cronômetro. Neste, as paletas, *A*, *B*, e a alavanca são similares às do escapamento de alavanca de **296**, mas essas paletas apenas bloqueiam a roda de escape, sem dar impulso. O impulso é dado pelos dentes da roda de escape diretamente a uma paleta, *C*, acoplada à roda de balanço.

315. Pêndulo cônico, pendurado por um fino pedaço de fio redondo. A extremidade inferior é conectada e conduzida em um círculo por um braço preso a um eixo giratório vertical. A haste do pêndulo descreve um cone em sua revolução.

316. Pêndulo de compensação de mercúrio. Uma jarra de vidro de mercúrio é usada para o peso. Conforme a haste do pêndulo se expande longitudinalmente por um aumento na temperatura, a expansão do mercúrio na jarra eleva sua altura e aumenta o centro de gravidade com relação à haste, o suficiente para compensar a expansão descendente da haste. À medida que a haste se contrai por uma redução na temperatura, a contração do mercúrio reduz o centro de gravidade em relação à haste. Dessa forma, o centro de oscilação é sempre mantido no mesmo local e o comprimento efetivo do pêndulo é sempre o mesmo.

317. Pêndulo de compensação da barra composta. *C* é uma barra composta de latão e ferro ou aço, soldada com bronze na parte inferior. Como o bronze se expande mais do que o ferro, a barra dobra para cima conforme fica mais quente e levanta os pesos, *W*, *W*, com ela, elevando o centro do peso agregado, *M*, *W*, e elevando, assim, o centro de oscilação tanto quanto o alongamento da haste do pêndulo permitir que desça.

318. Regulador de relógio. A mola de balanço está presa em sua extremidade externa a um pino fixo, *R*, e na sua extremidade interna ao eixo de balanço. Um ponto neutro é formado na mola em *P* inserindo-o entre dois pinos limitadores na alavanca, que é montada para girar em um anel fixo concêntrico com o eixo de balanço; a mola só oscila entre esse ponto neutro e o eixo de balanço. Ao mover a alavanca para a direita, os pinos limitadores reduzem o comprimento da parte de atuação da mola e as oscilações do balanço são feitas mais rapidamente; ao movê-la para a esquerda, é produzido um efeito oposto.

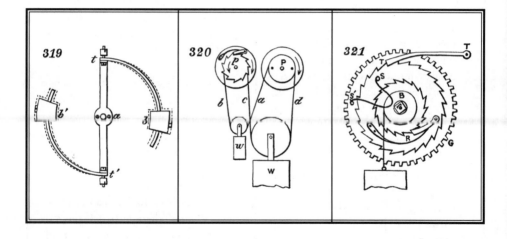

319. Balanço de compensação, em que t, a, t' são barras principais de balanço, com parafusos reguladores nas extremidades. t e t' são duas barras compostas, das quais o exterior é de latão e o interior de aço, carregando os pesos b, b'. Conforme a temperatura aumenta, essas barras se curvam para dentro pela maior expansão do bronze, e os pesos são assim puxados para dentro, diminuindo a inércia do balanço. À medida que a temperatura diminui, um efeito oposto é produzido. Esse balanço compensa tanto a sua própria expansão e contração como a da mola de balanço.

320. Corrente infinita, mantendo a potência no barril em movimento, para manter um relógio em funcionamento enquanto se dá corda, operação durante a qual a ação do peso ou da mola principal é retirada do barril. A roda à direita é a "roda de movimento"; a roda à esquerda é a "roda de golpe". P é uma polia fixada na grande roda da parte em movimento e é áspera para evitar que uma corda ou corrente pendurada sobre ela escorregue. Uma polia semelhante gira em outra roda, p, que pode ser a roda da grande roda da parte golpeada e acoplada a uma catraca e lingueta naquela roda, ou à estrutura do relógio, se não há uma parte golpeada. Os pesos são pendurados, como pode ser visto, e o pequeno é apenas grande o suficiente para manter a corda ou a corrente nas polias. Se a parte, b, da corda ou da corrente for puxada para baixo, a roda de catraca corre sob a lingueta e o peso maior é puxado para cima por c, sem tirar a pressão da roda de movimento.

321. "Roda de movimento" de Harrison. Uma roda de catraca maior, à qual a lingueta, R, é acoplada, é conectada com a grande roda, G, por uma mola, S, S'. Enquanto o relógio funciona, o peso atua sobre a grande roda, G, por meio da mola; mas, assim que o peso é retirado ao se dar corda, a lingueta, T, cuja junta é fixada na estrutura, evita que a catraca volte, e, assim, a mola, S, S', ainda conduz a grande roda durante o tempo em que o relógio leva para se dar corda, pois necessita apenas manter o escapamento funcionando, já que o pêndulo cuida de si por esse curto período. Os bons relógios possuem um aparelho substancialmente similar.

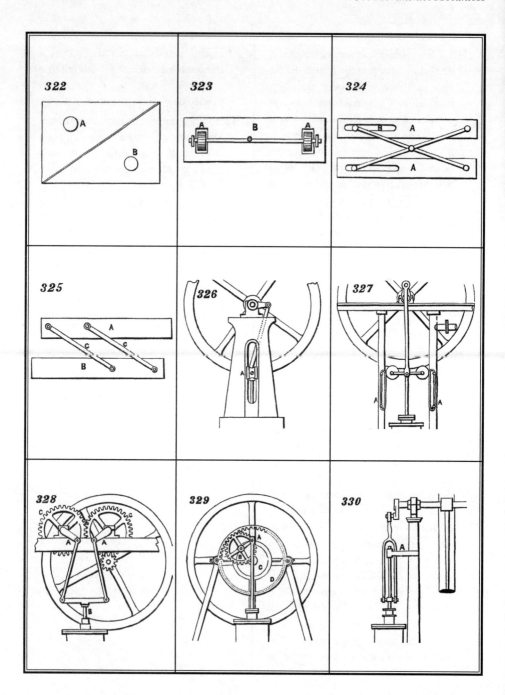

322. Uma construção muito conveniente de régua paralela para desenho, feita cortando um quadrilátero diagonalmente, formando dois triângulos de ângulos retos, *A* e *B*. É usada ao deslizar a hipotenusa de um triângulo sobre a hipotenusa de outro triângulo.

323. Régua paralela consistindo em uma régua simples, *B*, com um eixo fixo, *C*, e um par de rodas, *A*, *A*. As rodas, que sobressaem ligeiramente no lado de baixo da régua, têm as bordas ranhuradas para agarrar o papel e manter a régua sempre paralela a qualquer linha desenhada sobre ele.

324. Régua paralela composta, feita com duas réguas simples, *A*, *A*, conectadas por dois braços cruzados articulados na metade de seus comprimentos, cada um com uma junta articulada em uma extremidade fixa a uma das réguas e conectada à outra por uma ranhura e pino deslizante, como mostrado em *B*. Dessa forma, as extremidades, bem como as arestas, são mantidas paralelas. O princípio de construção das várias réguas representadas é aproveitado na construção de algumas peças de máquinas.

325. Régua paralela composta de duas réguas simples, *A*, *B*, ligadas por dois braços com juntas articuladas, *C*, *C*.

326. Um meio simples de guiar ou obter um movimento paralelo da haste do pistão de um motor. A corrediça, *A*, se move e é guiada pela junta vertical no quadro, que é projetado para uma superfície fixa.

327. Difere de **326** por possuir rolos substituindo a corrediça sobre o bloco, os referidos rolos funcionando sob barras guias retas, *A*, *A*, ligadas à estrutura. Usado em motores pequenos na França.

328. Um movimento paralelo inventado pelo dr. Cartwright no ano de 1787. As engrenagens, *C*, *C*, têm diâmetros e números de dentes iguais; e as manivelas, *A*, *A*, têm comprimentos iguais e estão situadas em direções opostas e, consequentemente, dão uma obliquidade igual às bielas durante a revolução das rodas. Como a cruzeta sobre a haste do pistão fica ligada às duas bielas, a haste é forçada a mover-se numa linha reta.

329. Um guia de biela. A biela, *A*, está ligada a um pino conectado a uma engrenagem, *B*, que gira em torno de um pino de manivela levado por uma placa, *C*, que está fixada no eixo. A engrenagem, *B*, gira em torno de uma engrenagem interna estacionária, *D*, de duas vezes o diâmetro de *B*, e assim o movimento é transmitido ao pino de manivela e a biela é mantida na vertical.

330. A haste do pistão é prolongada e funciona em um guia, *A*, que está alinhado com o centro do cilindro. A parte inferior da biela tem formato de garfo, para permitir que a parte superior da haste do pistão passe por ela.

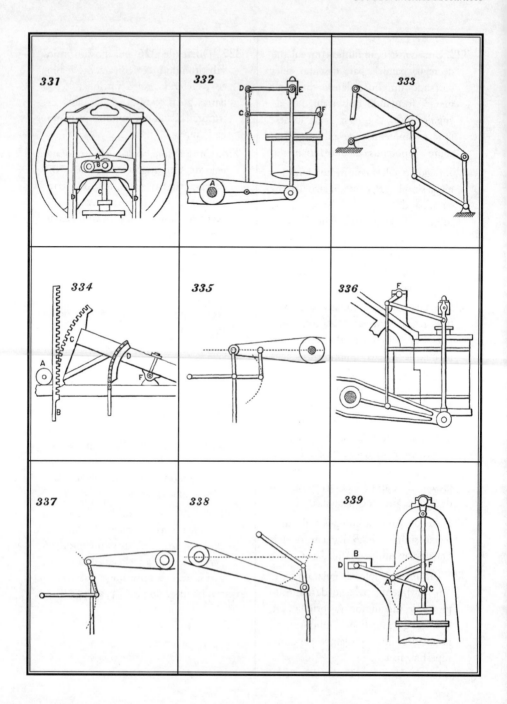

331. Um motor com movimento de manivela como os representados em **93** e **279**; neste, o cursor de manivela atua em uma cruzeta ranhurada, **A**. Essa cruzeta funciona entre as guias dos pilares, **D**, **D**, do quadro do motor.

332. Um movimento paralelo usado para a biela de motores marinhos de alavanca lateral. **F**, **C**, é a barra de controle axial e **E** é a cruzeta à qual a barra paralela, **E**, **D**, está conectada.

333. Um movimento paralelo usado apenas em casos específicos.

334. Mostra um movimento paralelo usado em alguns dos antigos motores de alavancas de ação única. A biela é formada com uma cremalheira que engrena com um segmento dentado na alavanca. A parte de trás da cremalheira funciona contra um rolo, **A**.

335. Um movimento paralelo comumente utilizado em motores de alavanca estacionários.

336. Uma combinação de movimento paralelo para motores marinhos de alavanca lateral. As hastes paralelas conectadas às barras laterais das vigas ou alavancas laterais também estão conectadas com braços curtos sobre um eixo de balanço atuando em mancais fixos.

337. Movimento paralelo em que a haste de raio está conectada com a extremidade inferior de uma haste vibratória curta, cuja extremidade superior está conectada com a alavanca e com o centro da qual a biela está ligada.

338. Outra modificação, na qual a barra de controle axial é colocada acima da alavanca.

339. Movimento paralelo para motores de ação direta. Neste, a extremidade da barra, **B**, **C**, está conectada com a biela, e a extremidade, **B**, desliza em uma ranhura fixa, **D**. A barra de controle axial, **F**, **A**, está conectada a **F** com um pino articulado fixo e a **A** a meia distância entre as extremidades de **B**, **C**.

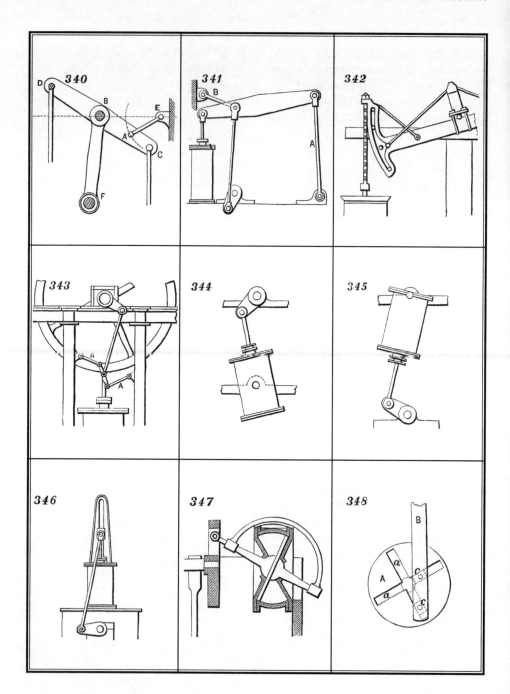

340. Outro movimento paralelo. A alavanca, **D**, **C**, com o suporte que balança, **B**, **F**, que vibra a partir do centro, **F**. A biela está conectada em **C**. A barra de controle axial, **E**, **A**, produz o movimento paralelo.

341. Motor de alavanca do tipo "gafanhoto". A alavanca está presa em uma extremidade a um pilar de balanço, **A**, e o eixo disposto tão próximo do cilindro quanto possível para a manivela funcionar. **B** é a barra de controle axial do movimento paralelo.

342. Um antiquado motor de bombeamento de alavanca de ação única que utiliza o princípio atmosférico, com conexão de corrente entre a biela e um segmento na extremidade da alavanca. O cilindro fica aberto no topo. O vapor de baixa pressão é admitido abaixo do pistão, e o peso da haste da bomba, por exemplo, na outra extremidade da alavanca, ajuda a levantar o pistão. Em seguida, vapor é condensado por injeção e um vácuo é assim produzido abaixo do pistão, que é então forçado para baixo pela pressão atmosférica, levantando a haste da bomba.

343. Movimento paralelo para um motor vertical. **A**, **A**, são barras de controle axial conectadas em uma extremidade com a estrutura e na outra com uma peça oscilante sobre a biela.

344. Motor oscilante. O cilindro tem munhões no meio do seu comprimento que atuam em mancais fixos, e a biela está conectada diretamente com a manivela; não são utilizadas guias.

345. Motor invertido oscilante ou de pêndulo. O cilindro tem munhões na sua extremidade superior e oscila como um pêndulo. A manivela fica embaixo, e a biela está conectada diretamente com a manivela.

346. Motor de mesa. O cilindro está fixado sobre uma base do tipo mesa. A biela tem uma cruzeta que atua em guias de ranhuras retas e fixas no topo do cilindro e está conectada por duas bielas laterais com duas manivelas paralelas no eixo debaixo da mesa.

347. Seção de um motor do tipo disco. O pistão em formato de disco, visto lateralmente, tem um movimento muito parecido com o de uma moeda quando cai após ser lançada no ar. Os cabeçotes são cones. A biela é feita com uma esfera à qual o disco está ligado, e a dita esfera atua em apoios concêntricos no quadro. A extremidade do lado esquerdo está ligada ao braço de manivela ou volante na extremidade do eixo à esquerda. O vapor é admitido alternadamente em ambos os lados do pistão.

348. Um modo de obtenção de dois movimentos alternados de uma haste por meio da revolução de um eixo, patenteado em 1836 por B. F. Snyder. Foi utilizado para operar a agulha de uma máquina de costura por J. S. McCurdy e também para conduzir um grupo de serras. O disco, **A**, no eixo giratório central tem duas ranhuras, **a**, **a**, que se cruzam mutuamente em um ângulo reto no centro, e a biela, **B**, possui conectada a ela duas barras articuladas, **c**, **c**, cada uma age em uma ranhura.

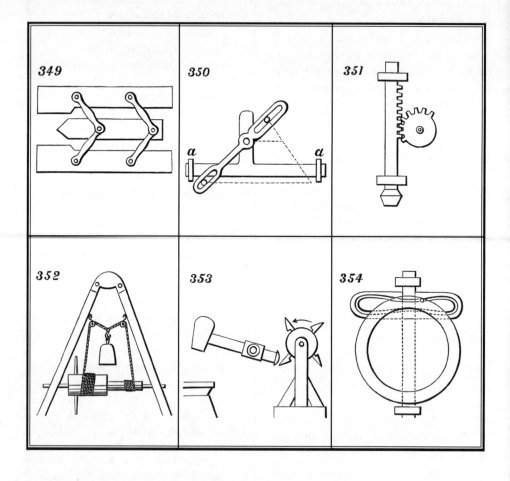

349. Outra forma de régua paralela. Os braços são articulados no meio e conectados com uma barra intermediária, por meio da qual as extremidades da régua e os lados são mantidos paralelos.

350. Movimento transversal ou de vaivém. Com o pino na ranhura superior estacionário e o da ranhura inferior se movendo na direção da linha pontilhada horizontal, a alavanca vai, por meio de sua conexão com a barra, dar a esta última um movimento de deslocamento em suas guias, *a, a*.

351. Estampo. Quedas de percussão verticais derivadas do eixo de rotação horizontal. O pinhão dentado mutilado age sobre a cremalheira para levantar a haste até que seus dentes a soltam e permitem que a haste caia.

352. Outro arranjo do guincho chinês ilustrado em **129**.

353. Uma modificação do martelo inclinado ou martinete, ilustrado em **72**. Neste, o cabo do martelo é uma alavanca de primeira ordem. Em **72**, é uma alavanca de terceira ordem.

354. Uma modificação da manivela e cruzeta com ranhura, **93**. A cruzeta contém uma ranhura sem fim em que a biela atua e que é projetada para produzir uma velocidade uniforme do movimento da biela ou haste alternada.

→ 114 ← 507 Movimentos Mecânicos

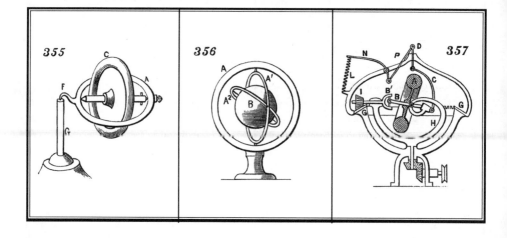

355. O giroscópio ou rotoscópio é um instrumento que ilustra a tendência de corpos em rotação de preservar seu plano de rotação. O eixo do disco metálico, *C*, está equipado para girar facilmente nos rolamentos no anel, *A*. Se o disco é posto em rápido movimento rotativo sobre o seu eixo e o pino, *F*, em um dos lados do anel, *A*, é colocado sobre o mancal no topo do pilar, *G*, e o disco e o anel parecem indiferentes à gravidade; em vez de caírem, começam a girar em torno do eixo vertical.

356. Máquina de Bohnenberger ilustrando a mesma tendência de corpos em rotação. Esta consiste em três anéis, *A*, *A¹*, *A²*, colocados um dentro do outro e ligados por suportes perpendiculares entre si. O anel menor, *A²*, contém os mancais para o eixo de uma esfera pesada, *B*. Assim que a esfera é posta em rápida rotação, o seu eixo vai continuar na mesma direção, não importa como a posição dos anéis vai ser alterada; e o anel, *A²*, que a suporta, resiste a uma pressão considerável que tende a deslocá-lo.

357. Chamado de governador de giroscópio, para máquinas a vapor etc., patenteado por Alban Anderson, em 1858. *A* é uma roda pesada, cujo eixo, *B*, *B'*, é composto de duas peças conectadas entre si por uma junta universal. A roda, *A*, fica sobre uma das peças, *B*, e o pinhão, *I*, sobre a outra peça, *B'*. A peça, *B*, está conectada em sua metade por uma articulação de dobradiça com o quadro giratório, *H*, de modo que variações na inclinação da roda, *A*, farão com que a extremidade externa da peça, *B*, suba e desça. O quadro, *H*, é conduzido pela engrenagem cônica do motor e, assim, o pinhão, *I*, é transportado em torno do círculo dentado estacionário, *G*, e a roda, *A*, recebe um rápido movimento rotativo em seu eixo. Quando o quadro, *H*, e a roda, *A*, estão em movimento, a tendência da roda, *A*, é assumir uma posição vertical, mas essa tendência é contraposta por uma mola, *L*. Quanto maior a velocidade do governador, maior é a tendência mencionada anteriormente, e mais ela supera a força da mola, e vice-versa. A peça, *B*, está conectada com a haste da válvula pelas hastes, *C*, *D*; e a mola, *L*, está conectada com a referida haste pela alavanca, *N*, e pela haste, *P*.

— 116 — 507 Movimentos Mecânicos

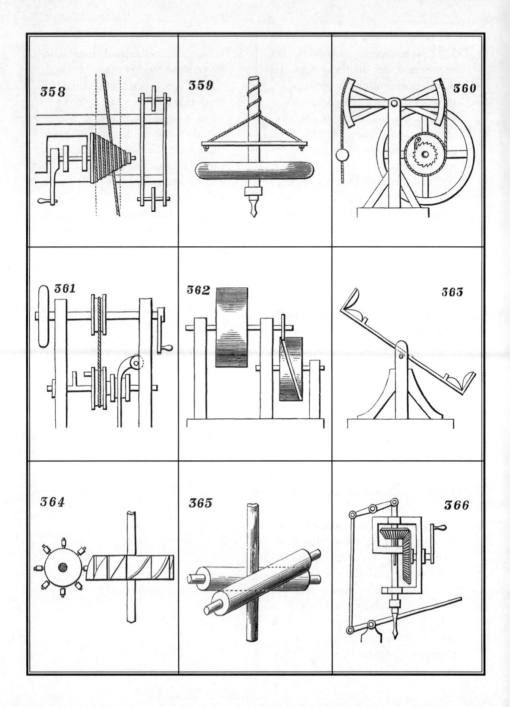

358. Transporte transversal, feito com velocidade variável por um *fusée*, de acordo com a variação de diâmetro onde a correia atua.

359. Aparelho de perfuração primitiva. Uma vez colocado em movimento, é mantido girando a mão, alternadamente pressionando e aliviando a barra transversal à qual as cordas estão presas, fazendo com que se enrolem sobre o eixo alternadamente em direções opostas, enquanto o disco ou volante dá um impulso constante ao eixo da broca em seu movimento rotativo.

360. Movimento rotativo contínuo a partir de movimento oscilatório. Ao colocar a alavanca para oscilar, o tambor ao qual a correia está presa, que atua livre para girar no eixo de um volante, dá movimento ao dito eixo por meio da lingueta e da roda da catraca, sendo a lingueta conectada ao tambor e a roda da catraca fixa ao eixo.

361. Outra forma simples de embreagem para polias, que consiste em um pino no eixo inferior e um pino no lado da polia. A polia é movida longitudinalmente do eixo por meio de uma alavanca ou outros meios para colocar seu pino em contato ou fora de contato com o pino no eixo.

362. Movimento transversal alternado do eixo superior e do seu tambor, produzido por um pino na extremidade do eixo que atua em uma ranhura oblíqua no cilindro inferior.

363. Gangorra. É uma das ilustrações mais simples de um movimento oscilante ou circular alternado limitado.

364. Movimento rotativo intermitente a partir de movimento rotativo contínuo em torno de um eixo em ângulo reto. A roda pequena à esquerda é a condutora; e os rolos em seus pinos radiais atuam contra as faces de sulcos oblíquos ou projeções na face da roda maior, transmitindo o movimento para ela.

365. Haste cilíndrica disposta entre dois rolos, cujos eixos são oblíquos entre si. A rotação dos rolos produz simultaneamente um movimento longitudinal e um movimento rotativo da haste.

366. Furadeira. Pelo movimento giratório da engrenagem cônica maior, movimento é dado ao eixo de perfuração vertical, que desliza por uma engrenagem cônica menor, mas gira devido a uma chaveta e é abaixada por um pedal conectado com a alavanca superior.

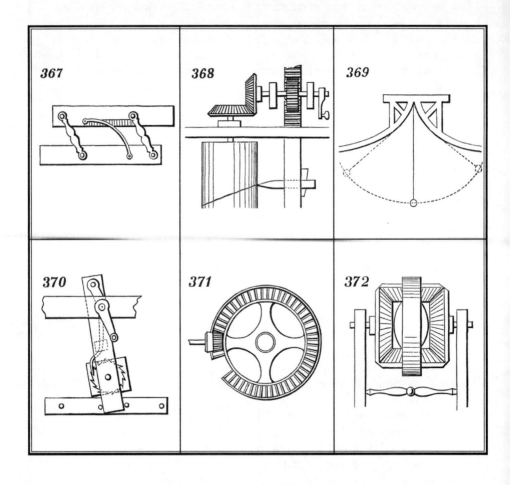

367. Uma régua paralela com a qual linhas podem ser desenhadas a distâncias determinadas sem medir previamente. A borda inferior da régua superior tem uma escala de marfim graduada, na qual a incidência da borda externa do arco de latão indica a distância entre as réguas.

368. Criação de linha espiral em um cilindro. A engrenagem reta que conduz as engrenagens cônicas, dando, assim, rotação ao cilindro, também engrena na cremalheira e faz com que o ponto de marcação atravesse de ponta a ponta o cilindro.

369. Superfícies cicloidais, fazendo com que o pêndulo se mova em curva cicloidal, criando oscilações isócronas ou de igual duração.

370. Movimento para polimento de espelhos, cujo contato de atrito deve ser tão variável quanto possível. A alavanca gira a manivela à qual a barra longa e a roda de catraca estão conectadas. O espelho é fixado rigidamente à roda de catraca. A barra longa, que é guiada por pinos no trilho inferior, possui um movimento longitudinal e um movimento oscilatório, e a roda de catraca gira intermitentemente por uma lingueta operada por uma excentricidade no eixo da manivela; portanto, o espelho tem um movimento composto.

371. Modificação do movimento da roda de calandra. A roda maior possui dentes em ambas as faces, e um movimento circular alternado é produzido pela revolução uniforme do pinhão, que passa de um lado da roda para o outro por uma abertura à esquerda da figura.

372. Dinamômetro de White, usado para determinar a quantidade de potência necessária para dar movimento rotativo a qualquer mecanismo. As duas engrenagens cônicas horizontais estão dispostas em um quadro com aro de aço, que gira livremente no meio do eixo horizontal, no qual existem duas engrenagens cônicas verticais que engrenam com as horizontais, uma fixa e a outra livre para girar no eixo. Suponha que o aro seja mantido estacionário; um movimento dado a qualquer uma das engrenagens cônicas verticais será transmitido pelas engrenagens horizontais para a outra vertical. Se o aro puder mexer, ele girará com a engrenagem vertical colocada em movimento, e a quantidade de potência necessária para mantê-lo estacionário corresponderá à potência transmitida pela primeira engrenagem; um indicador acoplado ao seu exterior indicará essa potência por meio do peso necessário para mantê-lo parado.

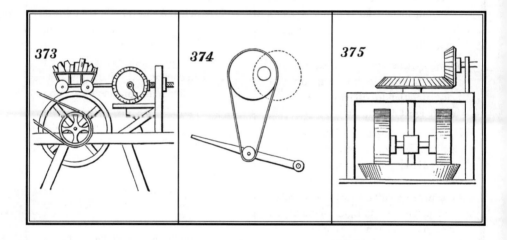

373. Invenção de Robert para provar que o atrito de um carro não aumenta com a velocidade, apenas com a carga. O vagão carregado é suportado sobre a superfície da roda maior e conectado com o indicador acoplado em uma mola em espiral, para mostrar a força necessária para manter o carro estacionário, quando a roda é posta em movimento. Verificou-se que a diferença na velocidade não produzia variação no indicador, mas a diferença de peso demonstrava isso imediatamente.

374. Movimento rotativo de um eixo a partir do movimento do pedal, por meio de uma correia que passa por um rolo no pedal até um eixo excêntrico.

375. Par de trituradores para britagem ou moagem. Os eixos estão conectados ao eixo vertical, e as rodas ou trituradores transladam em uma panela ou calha anular.

— 122 — 507 Movimentos Mecânicos

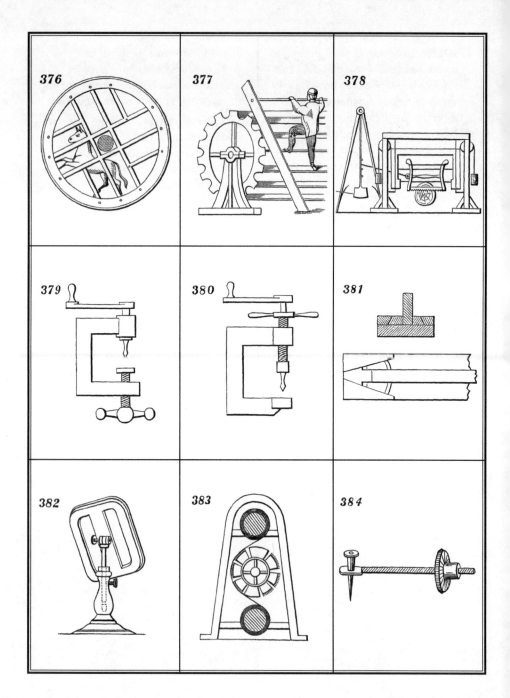

376. Roda dentada de tração animal girada por um animal que tenta subir em um lado de seu interior; foi usada para conduzir as rodas de pá de balsas e para outros fins por cavalos. Cachorros da raça *turnspit* também costumavam ser empregados em uma roda em épocas antigas para girar a carne enquanto era assada em um espeto.

377. Roda dentada empregada em prisões de alguns países para o exercício de detentos condenados a trabalho forçado; também era empregada na moagem de grãos etc. Gira pelo peso de pessoas pisando em tábuas em suas extremidades. Supõe-se ser uma invenção chinesa, e ainda é usada na China para conduzir água para irrigação.

378. Serra para cortar árvores a partir de movimento de pêndulo, está representada cortando uma árvore deitada.

379 e 380. Brocas portáteis de grampo. Em **379**, o parafuso de alimentação é oposto à broca; em **380**, o eixo de perfuração passa pelo centro do parafuso de alimentação.

381. Braçadeira de marceneiro de Bowery, seção plana e transversal. A base oblonga tem, em uma extremidade, duas faces em formato de cunha, cujos lados adjacentes que se encontram são perpendiculares e unidos em cauda de andorinha para dentro, a partir da borda superior, para acoplar duas cunhas que apertam a peça ou peças de madeira a serem aplainadas.

382. Suporte ajustável para espelhos etc., por meio do qual um vidro ou outro objeto pode ser levantado ou abaixado, virado para a direita ou para a esquerda e modificado em sua inclinação. A haste é acoplada a um encaixe da coluna e é presa por um parafuso de ajuste; o vidro é articulado na haste e um parafuso de ajuste é colocado na dobradiça para apertá-la. A mesma solução é usada para suportes de câmeras fotográficas.

383. Representa os principais elementos de um maquinário para tecidos e urdiduras, consistindo em dois rolos em que o fio ou tecido é enrolado de um para o outro e em um cilindro interposto com a sua extremidade de superfície lisa ou encaixada com escovas, perchas ou outros aparelhos, de acordo com a natureza do trabalho a ser feito. Esses elementos são usados em máquinas para dimensionamento de urdiduras, moinhos com função de confecção de produtos de lã e na maioria das máquinas para acabamento de tecidos.

384. Helicógrafo, ou instrumento para descrever hélices. A roda pequena, ao girar ao redor do ponto central fixo, descreve uma voluta ou espiral movendo-se ao longo do eixo roscado para qualquer lado; transmite o mesmo desenho para o papel em que um papel-carbono é colocado com o lado da tinta para baixo.

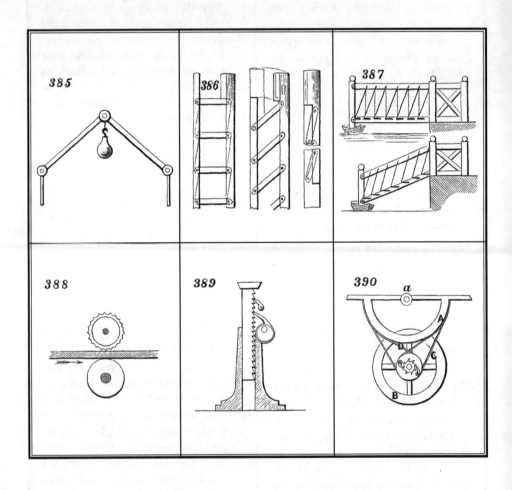

385. Artifício empregado na Rússia para fechar portas. Um pino é montado e gira no encaixe ligado à porta; o outro fica acoplado de forma semelhante a uma parede. Ao abrir a porta, os pinos são trazidos para perto um do outro e o peso é levantado. O peso fecha a porta ao abaixar a articulação da alavanca em uma linha reta, aumentando o espaço entre os pinos.

386. Escada dobrável para biblioteca. Ela é mostrada aberta, parcialmente aberta e fechada; os degraus são articulados com as peças laterais que se encaixam em conjunto para formar um bastão quando fechada, os degraus fecham no interior.

387. Escada autoajustável para cais em que há subida e descida da maré. Os degraus são articulados em um dos cantos para dentro de barras de madeira que formam peças semelhantes a um cordão, já sua outra extremidade é suportada por barras suspensas que formam corrimãos. Os degraus permanecem na horizontal em qualquer posição que a escada assumir.

388. Movimento de alimentação da máquina de aplainar de Woodworth, um rolo de suporte liso e um rolo superior dentado.

389. Macaco de elevação operado por um eixo excêntrico, lingueta e catraca. A lingueta superior é uma parada.

390. Dispositivo para converter movimento oscilatório em rotativo. A peça semicircular, *A*, é acoplada a uma alavanca que funciona em um ponto de apoio, *a*, e possui conectadas a ela as extremidades de duas correias, *C* e *D*, que correm sobre duas polias, livres para girar no eixo do volante, *B*. A correia *C* é aberta e a correia *D* é cruzada. As polias possuem acopladas a elas linguetas que engatam com duas catracas presas ao eixo da roda. Uma lingueta age em sua roda de catraca quando a peça, *A*, gira para um lado, e a outra quando a referida peça gira para o outro lado; assim, um movimento rotativo contínuo do eixo é obtido.

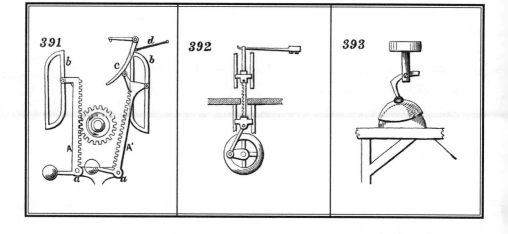

391. Movimento alternado em movimento rotativo. As cremalheiras com pesos encaixados, A, A', são articuladas na extremidade de uma biela, e os pinos na extremidade das referidas cremalheiras atuam em ranhuras de guia fixas, b, b, de tal maneira que uma cremalheira trabalha com a engrenagem dentada em subida e a outra em descida; então, um movimento rotativo contínuo é produzido. A alavanca de cotovelo, C, e a mola, d, servem para transportar o pino da cremalheira direita sobre o ângulo superior em sua ranhura guia, b.

392. Serra tico-tico, cuja extremidade inferior é conectada com uma manivela que a conduz e cuja extremidade superior é conectada a uma mola que a mantém tensionada.

393. Dispositivo para o polimento de lentes e corpos de forma esférica. O material de polimento fica em uma cuia conectada por uma articulação de esfera e uma peça dobrada de metal, com um eixo vertical giratório montado de forma concêntrica ao corpo a ser polido. A cuia é configurada de forma excêntrica, razão pela qual é forçada a ter um movimento rotativo independente em torno do seu eixo na junta universal, bem como a girar em torno do eixo comum ao eixo vertical e ao corpo a ser polido. Isso impede que as partes da superfície da cuia entrem repetidamente em contato com as mesmas partes da superfície da lente ou outro corpo.

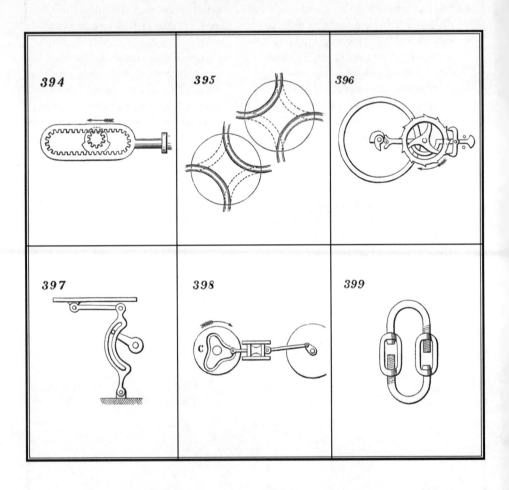

394. Dispositivo patenteado por C. Parson para converter movimento alternado em rotativo. Uma cremalheira sem fim provida de ranhuras em sua lateral engrena com um pinhão com dois flanges concêntricos de diferentes diâmetros. Um substituto para a manivela em motores de cilindro oscilante.

395. Válvula de quatro vias, usada há muitos anos em máquinas a vapor para admissão e escape do vapor no cilindro. As duas posições representadas são produzidas por um quarto de volta da válvula. Supondo que o vapor entre na parte superior, na figura superior o escape ocorre na extremidade direita do cilindro e, na figura inferior, o escape é na esquerda, sendo o vapor admitido, é claro, na entrada oposta.

396. Patente de G. P. Reed de escapamento de âncora e alavanca para relógios de pulso. A alavanca é aplicada em combinação com o escapamento de cronômetro, de forma que todo impulso dado em uma direção é transmitido por meio da alavanca e todo impulso dado em direção oposta é transmitido diretamente para a paleta de impulso do cronômetro, bloqueando e desbloqueando a roda de escape a cada impulso dado pela referida roda apenas uma vez.

397. Movimento circular contínuo em movimento alternado retilíneo intermitente. Um movimento usado em várias máquinas de costura para conduzir a lançadeira. O mesmo movimento é aplicado às prensas de impressão de cilindro de três revoluções.

398. Movimento circular contínuo em movimento circular intermitente; o came, *C*, é o condutor.

399. Um método para reparar correntes ou para apertar correntes usadas como braçadeiras. O elo é dividido em duas partes: uma extremidade de cada uma dessas partes é provida com uma porca giratória e a outra extremidade com um parafuso; o parafuso de cada parte se encaixa na porca da outra.

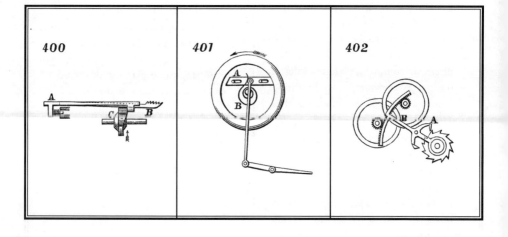

400. Alimentação em quatro movimentos (patente de A. B. Wilson), usada nas máquinas de costura Wheeler & Wilson, Sloat e outras. A barra, *A*, é bifurcada e possui uma segunda barra, *B* (carregando o dente ou alimentador), articulada na referida barra. A barra, *B*, é levantada por uma projeção radial no came, *C*, ao mesmo tempo que as duas barras são movidas para a frente. Uma mola produz o curso de retorno, e a barra, *B*, cai devido à gravidade.

401. Patente de E. P. Brownell para movimento de manivela para evitar pontos mortos. A pressão no pedal faz com que a corrediça ranhurada, *A*, avance para a frente com a manivela até esta passar pelo centro, quando a mola, *B*, força a corrediça contra as paradas até que seja novamente necessário avançar.

402. Escapamento para relógios de pulso patenteado por G. O. Guernsey. Neste escapamento, são utilizadas duas rodas de balanço, movidas pelo mesmo transmissor de potência, mas que oscilam em direções opostas, com a finalidade de neutralizar o efeito de qualquer choque repentino sobre um relógio ou cronômetro. O choque que aceleraria o movimento de uma das rodas retardaria o movimento da outra. A âncora, *A*, é fixada à alavanca, *B*, com um segmento dentado interior e exterior na extremidade, cada um dos quais engrena com o pinhão das rodas de balanço.

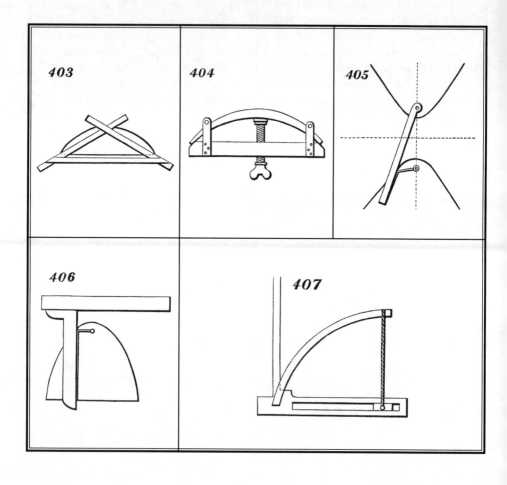

403. Ciclógrafo para descrever arcos circulares em desenhos nos quais o centro é inacessível. Este é composto de três réguas retas. Após estabelecer a corda e o seno, desenhe linhas retas inclinadas das extremidades da corda até o topo do seno, e nessas linhas coloque duas das réguas cruzando no ápice. Fixe essas réguas juntas e coloque outra régua atravessando-as para servir de apoio, depois insira um pino ou ponta em cada extremidade da corda para guiar o aparato, que, ao ser movido contra essas pontas, descreve o arco por meio de um lápis no ângulo das arestas em que as réguas inclinadas se cruzam.

404. Outro ciclógrafo. A barra elástica arqueada é feita com a metade da profundidade nas extremidades do que no meio e é formada de modo que sua borda externa coincida com um arco circular verdadeiro quando dobrada na sua maior extensão. Com três pontos no arco requerido sendo dados, a barra é dobrada até eles por meio de um parafuso, sendo cada extremidade confinada à barra reta por meio de um pequeno rolo.

405. Método mecânico para descrever hipérboles, seus focos e vértices dados. Suponha que as curvas são duas hipérboles opostas, os pontos na linha central vertical pontilhada são seus focos. Uma extremidade da régua gira em um dos focos como um centro através do qual uma das arestas alcança a curva. Uma extremidade de um fio está enrolada em um pino inserido no outro foco e a outra extremidade é mantida na outra extremidade da régua, com apenas um comprimento extra suficiente para permitir que a altura atinja o vértice quando a régua coincide com a linha central. Um lápis colocado na ponta da linha e mantido perto da régua enquanto esta é movida para longe da linha central descreve uma metade da curva; a régua é então invertida para fazer a outra metade.

406. Método mecânico para descrever parábolas em que base, altura, foco e diretriz são dados. Posicione a borda reta com o lado próximo coincidindo com a diretriz e perpendicular a ela, de modo que a lâmina esteja paralela ao eixo, e prossiga com um lápis na ponta da linha, como no item anterior.

407. Instrumento para descrever arcos pontiagudos. A barra horizontal é ranhurada e possui um cursor com um pino e uma corda enrolada nele. A barra de arco feita de uma madeira flexível é fixada na horizontal em ângulo reto. A barra horizontal é colocada com a borda superior sobre a corda esticada, com a parte traseira do arco coincindo com o batente da abertura. A barra é dobrada até o lado superior atingir o ápice do arco, e o cursor central na base da barra garante que mantenha sua relação tangencial com o batente. O lápis é posicionado na barra arqueada na sua conexão com a corda.

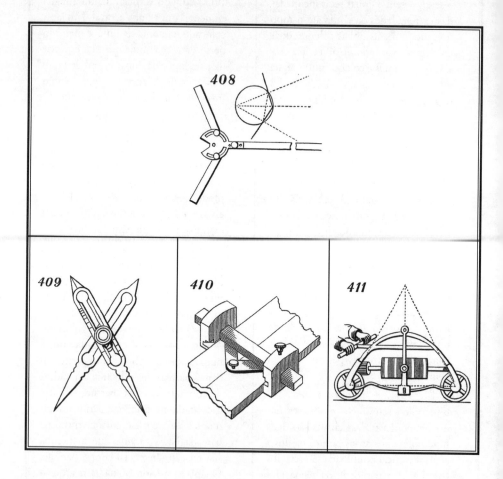

408. Centrolíneo criado para desenhar linhas em direção a um ponto inacessível ou inconvenientemente distante, principalmente usado em perspectivas. A borda superior ou de desenho da lâmina e a parte de trás das pernas móveis devem cruzar o centro da articulação. O diagrama geométrico indica o modo de ajuste do instrumento, as pernas que o formam podem compro ângulos desiguais com a lâmina. Em qualquer uma das extremidades da linha pontilhada que cruza a linha central, um pino é inserido verticalmente para que o instrumento funcione contra ele. Supondo que seja inconveniente produzir linhas convergentes até se cruzarem, mesmo temporariamente, com o objetivo de configurar o instrumento como mostrado, pode-se encontrar uma convergência correspondente entre elas desenhando uma linha paralela e interna a cada uma.

409. Compasso proporcional usado na cópia de desenhos em dada escala maior ou menor. O eixo do compasso é preso em uma corrediça que é ajustável nas ranhuras longitudinais das pernas e pode ser apertado por um parafuso de ajuste. As dimensões são tomadas entre um par de pontos e transferidas com o outro par e, assim, aumentadas ou reduzidas em proporção às distâncias relativas dos pontos do eixo. Uma escala é fornecida em uma ou ambas as pernas para indicar a proporção.

410. Instrumento de bifurcação. Das duas faces paralelas na barra cruzada, uma é fixa e a outra ajustável e presa por um parafuso de ajuste. Em cada uma das faces, fica centrada uma de duas barras curtas de igual comprimento, unidas por um pino, tendo uma ponta afiada para marcação. Essa ponta está sempre em uma posição central entre as faces, qualquer que seja a distância entre elas, de modo que qualquer sólido com lados paralelos ao qual as faces estejam ajustadas possa ser dividido de ponta a ponta desenhando-se o indicador ao longo dele. Sólidos com lados não paralelos podem ser divididos da mesma forma, deixando uma face livre, mas mantendo-a em contato com o sólido.

411. Nível de autogravação para topógrafos. Consiste em um carro cuja forma é governada por um triângulo isósceles de base horizontal. A circunferência de cada roda equivale à base do triângulo. Um pêndulo, quando o instrumento está em terreno nivelado, divide a base ao meio e, quando em uma inclinação, pende para a direita ou para a esquerda em relação ao centro de acordo com a inclinação do terreno. Um tambor, que gira a partir de uma engrenagem em uma das rodas do carro, transporta um papel pautado sobre o qual um lápis acoplado ao pêndulo traça um perfil correspondente ao do terreno percorrido. O tambor pode ser deslocado verticalmente de acordo com qualquer escala e horizontalmente para evitar a remoção do papel preenchido.

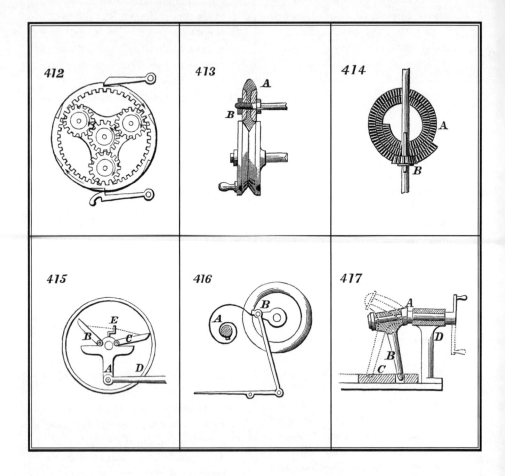

412. Mecanismo de engrenagens na base de um guincho ou cabrestante. Da forma mostrada, o cabrestante pode ser usado como uma máquina simples ou composta, com redução única ou tripla. A engrenagem solar e o anel giram de forma independente; a primeira, estando fixa em um eixo, gira esse eixo; quando travada com o anel gira-o também, formando uma redução unitária. Porém, quando destravada, o trem de engrenagens atua, e a engrenagem solar e o anel giram em direções opostas, com reduções de três para um.

413. Patente de J. W. Howlett de transmissão por atrito ajustável. É uma melhoria em relação ao mostrado em **45**. A roda superior, *A*, mostrada em seção, é composta de um disco de borracha com borda em V, fixa entre duas placas de metal. Ao parafusar a porca, *B*, que segura as peças juntas, o disco de borracha é forçado a se expandir radialmente, e maior potência de tração pode ser produzida entre as duas rodas.

414. Engrenagem voluta e pinhão deslizante para produzir uma velocidade crescente da placa de rolagem, *A*, em uma direção e uma velocidade decrescente quando o movimento é invertido. O pinhão, *B*, se move em um cursor no eixo.

415. Dispositivo patenteado por P. Dickson para converter um movimento oscilatório em circular intermitente, em ambas as direções. Movimento os-

cilatório é transmitido à alavanca, *A*, que possui duas linguetas, *B* e *C*, articuladas em seu lado inferior, perto do eixo da roda, *D*. A pequena manivela, *E*, no lado superior da alavanca, *A*, é amarrada por um cordão a cada uma das linguetas, de modo que, quando a lingueta, *C*, entra em contato com o interior do aro da roda, *D*, ela a move em uma direção, e a lingueta, *B*, fica desengatada. O movimento da roda, *D*, pode ser revertido ao se elevar a lingueta, *C*, que estava engatada e deixando a oposta engrenada ao se girar a manivela, *E*.

416. Um dispositivo para auxiliar a manivela de um movimento por pedal em relação a pontos mortos. A mola helicoidal, *A*, tem a tendência de mover a manivela, *B*, na direção perpendicular aos pontos mortos.

417. Movimento circular contínuo em um movimento alternado retilíneo. O eixo, *A*, que atua em um mancal fixo, *D*, é curvado em uma extremidade e ajustado para girar em um encaixe na extremidade superior de uma haste, *B*, cuja extremidade inferior atua em um encaixe em uma corrediça, *C*. Linhas pontilhadas mostram a posição da haste, *B*, e da corrediça quando o eixo fez meia revolução da posição mostrada em linhas cheias.

507 Movimentos Mecânicos

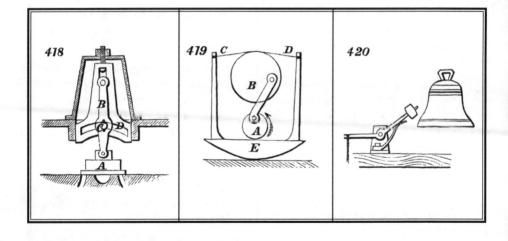

418. Patente de Buchanan & Righter para movimento de válvula corrediça. A válvula, *A*, está presa à extremidade inferior da haste, *B*, e é livre para deslizar horizontalmente na sede da válvula. A extremidade superior da haste, *B*, está acoplada a um pino que desliza em uma ranhura vertical, e um rolo, *C*, acoplado à referida haste, desliza em dois arcos suspensos e verticalmente ajustáveis, *D*. Esse arranjo visa impedir que a válvula seja pressionada com uma força muito grande contra sua sede pela pressão do vapor e para aliviá-la de atrito.

419. Movimento circular contínuo convertido em um movimento de balanço. Usado em berços autobalançantes. A roda, *A*, gira e está ligada a uma roda, *B*, de raio maior, que recebe um movimento oscilante, e a roda, *B*, possui duas correias flexíveis, *C*, *D*, cada uma está presa a uma coluna fixada no balanço, *E*, do berço.

420. Arranjo de martelo para tocar sinos. A mola abaixo do martelo levanta-o para mantê-lo fora de contato com o sino depois de golpeá-lo, evitando, assim, que interfira com a vibração do metal do sino.

507 Movimentos Mecânicos

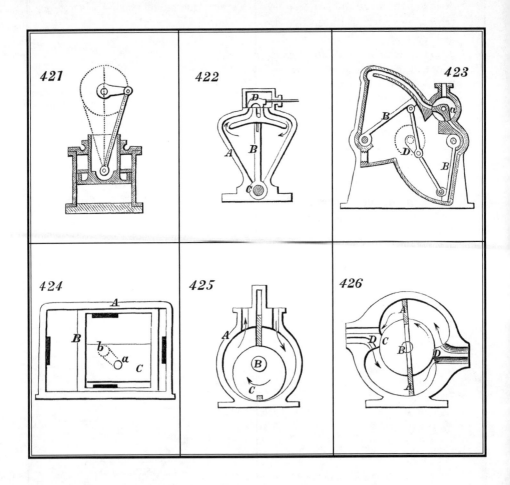

421. Motor de tronco usado para fins marítimos. O pistão possui acoplado a ele um tronco em cuja extremidade inferior a biela está conectada diretamente com o pistão. O tronco funciona por meio de uma caixa de enchimento na cabeça do cilindro. A área efetiva do lado superior do pistão é bastante reduzida pelo tronco. Para igualar a potência em ambos os lados do pistão, vapor de alta pressão tem sido usado primeiro no lado superior e depois esvaziado e usado expansivamente na parte inferior do cilindro de baixo.

422. Motor de pistão oscilante. O perfil do cilindro, *A*, tem o formato de uma seção radial. O pistão, *B*, está conectado a um eixo de balanço, *C*, e o vapor é admitido no cilindro para operar em um e no outro lado do pistão alternadamente, por meio de uma válvula corrediça, *D*, que substancialmente é como a de um motor comum alternado. O eixo de balanço está conectado com uma manivela para produzir movimento rotativo.

423. Motor de duplo quadrante patenteado por Root. Este possui o mesmo princípio que **422**, mas dois pistões de ação única, *B*, *B*, são usados e ambos conectados com uma manivela, *D*. O vapor é admitido para atuar nos lados exteriores dos dois pistões alternadamente por meio de uma válvula de indução, *a*, e escapa através do espaço entre os pistões. As conexões do pistão e da manivela são tais que o vapor atua em cada pistão durante cerca de dois terços da rotação da manivela e, portanto, não há pontos mortos.

424. Motor duplo alternado ou de pistão quadrado de Root. O "cilindro", *A*, desse motor é de formato quadrado oblongo e contém dois pistões, *B* e *C*, o primeiro atuando horizontalmente e o último verticalmente dentro dele; o pistão, *C*, está conectado com o pino, *a*, da manivela no eixo principal, *b*. Os orifícios para admissão de vapor são mostrados em preto. Os dois pistões produzem a rotação da manivela sem pontos mortos.

425. Uma das várias formas de motor rotativo. *A* é o cilindro que possui o eixo, *B*, passando centralmente através dele. O pistão, *C*, é simplesmente um eixo excêntrico acoplado ao eixo principal e que atua em contato com o cilindro em um ponto. A admissão e o escape de vapor ocorrem como indicado pelas setas, e a pressão do vapor em um lado do pistão produz sua rotação e a do eixo. O suporte corrediço, *D*, entre os orifícios de admissão e escape, move-se para fora do caminho do pistão para deixá-lo passar.

426. Outra forma de motor rotativo, em que há dois suportes laterais estacionários, *D*, *D*, no interior do cilindro; os dois pistões, *A*, *A*, que lhes permite passar pelos suportes, correm radialmente em ranhuras no cubo, *C*, do eixo principal, *B*. O vapor atua sobre ambos os pistões de uma só vez, para produzir a rotação do cubo e do eixo. A admissão e o escape são indicados por setas.

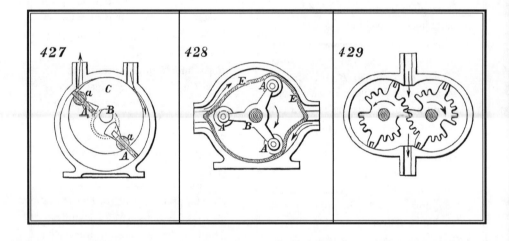

427. Outro motor rotativo no qual o eixo, **B**, atua em mancais fixos excêntricos ao cilindro. Os pistões, **A**, **A**, estão dispostos para correr para dentro e para fora de ranhuras no cubo, **C**, que é concêntrico ao eixo, mas estão sempre radiais ao cilindro, sendo mantidos assim por anéis (mostrado em linhas pontilhadas) encaixados ao cubo sobre as cabeças de cilindro. Os pistões deslizam por compartimentos de rolamentos, **a**, **a**, no cubo, **C**.

428. Motor rotativo de borracha indiana em que o cilindro possui um revestimento flexível, **E**, de borracha indiana e os rolos, **A**, **A**, são os substitutos dos pistões, sendo acoplados a braços que saem radialmente do eixo principal, **B**. O vapor que atua entre a borracha indiana e a porção rígida circundante do cilindro pressiona a borracha contra os rolos, fazendo com que girem em torno do cilindro e movam o eixo.

429. Motor rotativo duplo elíptico patenteado por Holly. Os dois pistões elípticos engrenados são operados pelo vapor que entra entre eles, de modo a produzir seu movimento rotativo em direções opostas. Todos esses motores rotativos podem ser convertidos em bombas.

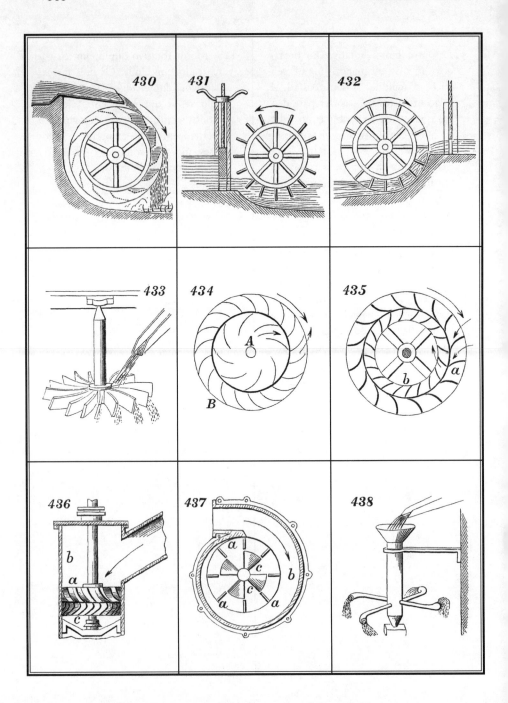

430. Roda-d'água sobreaxial.

431. Roda-d'água subaxial.

432. Roda de peito. Fica em um lugar intermediário entre as rodas sobre e subaxial; tem placas como a sobreaxial, mas as cavidades entre elas são convertidas em baldes ao se moverem em um canal adaptado à sua circunferência e largura, em que a água entra quase no nível do eixo.

433. Roda-d'água sobreaxial horizontal.

434. Uma vista em plano da turbina de roda-d'água tipo Fourneyron. No centro estão um número de calhas fixas curvas ou guias, *A*, que direcionam a água para os baldes da roda exterior, *B*, que gira. A água é descarregada na circunferência.

435. Turbina de descarga central de Warren vista em plano. As guias, *a*, ficam no exterior, e a roda, *b*, gira em seu interior, descarregando a água no centro.

436. Turbina de Jonval. As calhas ficam dispostas na parte externa de um tambor, radiais a um centro comum e estacionárias dentro do tronco ou invólucro, *b*. A roda, *c*, é feita quase da mesma maneira; os baldes excedem em número em relação às calhas e são ajustados em uma ligeira tangente em vez de radialmente; a curva geralmente utilizada é a da cicloide ou da parábola.

437. Roda voluta, com palhetas radiais, *a*, contra as quais a água colide, empurrando a roda. A caixa espiral ou voluta, *b*, confina a água de tal maneira que atua contra as palhetas ao redor de toda a roda. Com a adição dos baldes inclinados, *c, c*, embaixo, a água atua com força adicional à medida que escapa pelas aberturas dos referidos baldes.

438. Moinho de reação ou de Barker. O movimento rotativo do eixo oco central é obtido pela reação da água escapando pelas extremidades dos braços, sendo a rotação em direção oposta à do escape.

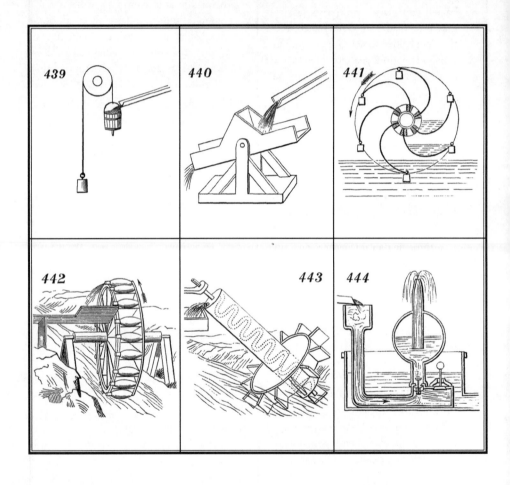

439. Um método de obtenção de um movimento alternado a partir de uma queda contínua de água, por meio de uma válvula no fundo do balde que se abre quando bate no chão e, desse modo, esvazia o balde, o que faz com que ele suba novamente pela ação de um contrapeso no outro lado da polia, sobre a qual está suspenso.

440. Representa uma calha dividida transversalmente em partes iguais e suportada em um eixo por uma estrutura inferior. Quando a queda-d'água enche um lado da divisão, a calha vibra em seu eixo e, ao mesmo tempo que joga a água, o lado oposto é trazido sob o fluxo e preenchido, o que, de maneira semelhante, produz uma nova vibração da calha. Costumava ser usado como medidor de água.

441. Roda persa, usada nos países orientais para irrigação. Possui um eixo oco e flutuadores curvos em cujas extremidades ficam suspensos baldes ou tonéis. A roda é parcialmente imersa em uma corrente que atua sobre a superfície convexa de seus flutuadores e, ao ser assim rotacionada, certa quantidade de água é elevada por cada flutuador a cada revolução e conduzida ao eixo oco ao mesmo tempo que um dos baldes leva sua carga de água para um nível mais alto, onde é esvaziado ao entrar em contato com um pino estacionário colocado em uma posição conveniente para tombá-lo.

442. Máquina de origem antiga, ainda empregada no rio Eisack, no Tirol, para elevar água. Uma corrente mantém a roda em movimento, e os potes em sua periferia são sucessivamente imersos, preenchidos e esvaziados em uma calha acima da corrente.

443. Aplicação do parafuso de Arquimedes para elevar água; a força motriz vem do rio que a alimenta. O eixo oblíquo da roda tem uma passagem em espiral que se estende através dele. A extremidade inferior dessa passagem está imersa na água, e a corrente, agindo sobre a roda na sua extremidade inferior, produz a sua rotação por meio da qual a água é transportada para cima continuamente pela passagem em espiral e descarregada no topo.

444. Carneiro hidráulico de Montgolfier. Uma pequena queda-d'água feita para projetar um jato a uma grande altura ou fornecer abastecimento em um terreno elevado. A válvula à direita é mantida aberta por um peso ou mola; a corrente que flui através do cano na direção da seta escapa até que a pressão, superando a resistência do peso ou da mola, fecha-a. Ao fechar essa válvula, o impulso da corrente supera a pressão sobre a outra válvula, abre-a e joga uma quantidade de água na câmara de ar globular pela força expansiva do ar em que a corrente ascendente do bico é mantida. Quando o equilíbrio ocorre, a válvula direita se abre e a esquerda se fecha. Assim, pela ação alternada das válvulas, uma quantidade de água é elevada na câmara de ar a cada golpe, e a elasticidade do ar dá uniformidade ao fluxo.

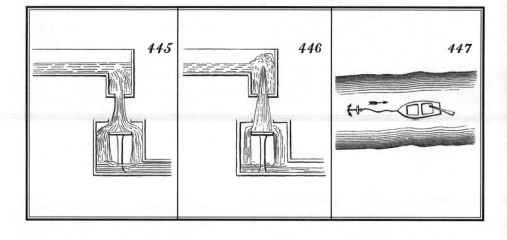

445 e 446. Coluna oscilante de D'Ectol, para elevar uma porção de determinada queda-d'água acima do nível do reservatório ou elevação, por meio de uma máquina cujas partes são todas absolutamente fixas. Consiste em um tubo superior e menor, que é constantemente abastecido com água, e um tubo mais baixo e maior, provido com uma placa circular abaixo concêntrica com o orifício que recebe a corrente do tubo acima. Ao permitir que a água desça como mostrado em **445**, ela se acumula gradualmente em um cone sobre a placa circular, como mostrado em **446**, cujo cone se projeta no tubo menor, de modo a controlar a descida do fluxo de água; como o fornecimento regular continua de cima, a coluna no tubo superior se eleva até que o cone na placa circular cede. Essa ação é renovada periodicamente e regulada pelo fornecimento de água.

447. Este método de atravessar um barco de uma margem de um rio para a outra é comum no rio Reno e em outros lugares e é efetuado pela ação da correnteza no leme, que transporta o barco pelo córrego no arco de um círculo, cujo centro é a âncora que impede a correnteza de levar o barco.

507 Movimentos Mecânicos

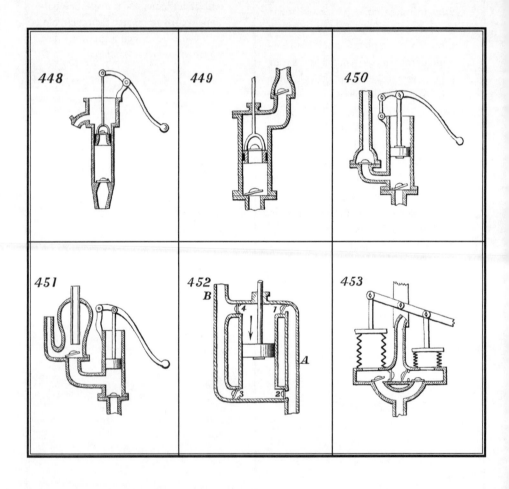

448. Bomba de elevação comum. No curso ascendente do pistão ou balde, a válvula inferior se abre e a válvula no pistão se fecha; o ar é liberado para fora do tubo de sucção, e a água flui para cima para preencher o vácuo. Em curso descendente, a válvula inferior é fechada e a válvula no pistão se abre, assim, a água simplesmente passa pelo pistão. A água acima do pistão se eleva e flui para fora do bico em cada curso ascendente. Essa bomba não consegue elevar a água mais que 9 metros de altura.

449. Bomba de elevação moderna. Essa bomba funciona do mesmo modo que a da figura anterior, com a diferença de que a haste do pistão passa através da caixa de enchimento e a saída é fechada por uma válvula de retenção que se abre para cima. A água pode ser elevada a qualquer altura acima dessa bomba.

450. Bomba manual de alavanca comum, com duas válvulas. O cilindro fica acima da água e é equipado com um pistão sólido; uma válvula fecha o tubo de saída, outra fecha o tubo de sucção. Quando o pistão sobe, a válvula de sucção é aberta e a água flui para dentro do cilindro, estando a válvula de saída fechada. Na descida do pistão, a válvula de sucção se fecha e a água é forçada para cima pela válvula de saída a qualquer distância ou elevação.

451. Bomba manual, similar à anterior, com a adição de uma câmara de ar à saída para produzir uma vazão constante. A saída próxima à câmara de ar é mostrada em dois lugares, a partir de qualquer um a água pode ser retirada. O ar é comprimido pela água durante o curso descendente do pistão, que se expande e pressiona para fora a água da câmara durante o curso ascendente.

452. Bomba de dupla ação. O cilindro é fechado em cada extremidade, e a haste do pistão passa pela caixa de vedação em uma das extremidades. O cilindro possui quatro aberturas com válvulas instaladas, duas de admissão de água e outras duas para a descarga. *A* é o tubo de sucção e *B* é o tubo de descarga. Quando o pistão se move para baixo, a água entra pela válvula de sucção, *1*, na extremidade superior do cilindro, e a água abaixo do pistão é forçada pela válvula, *3*, e pelo tubo de descarga, *B*; quando o pistão sobe novamente, a água é forçada pela válvula de descarga, *4*, na extremidade superior do cilindro, assim, a água entra pela válvula de sucção inferior, *2*.

453. Bomba de duplo fole. Enquanto um fole é distendido pela alavanca, o ar é rarefeito em seu interior e a água se eleva pelo tubo de sucção para preencher o espaço; ao mesmo tempo, o outro fole é comprimido e expulsa seu conteúdo pelo tubo de descarga; as válvulas funcionam da mesma forma que na bomba manual normal.

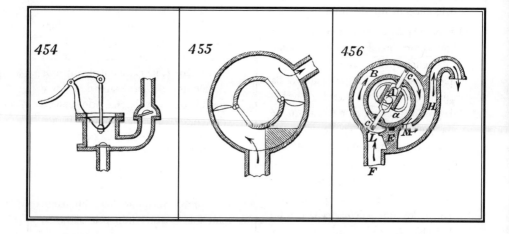

454. Bomba manual de diafragma. Um diafragma flexível é empregado em vez de foles, e as válvulas estão dispostas da mesma forma que na figura anterior.

455. Bomba rotativa antiga. Abertura inferior para a entrada de água e superior para a saída. A parte central gira com as válvulas, que se encaixam precisamente na superfície interna do cilindro externo. A projeção mostrada no lado inferior do cilindro é um suporte lateral para fechar as válvulas quando atingem esse ponto.

456. Bomba rotativa de Cary. Dentro do cilindro fixo, é colocado um tambor giratório, B, ligado a um eixo, A. Um came em forma de coração, a, circundando o eixo, também é fixo. A revolução do tambor faz com que os pistões corrediços, c, c, entrem e saiam de acordo com o formato do came.

A água entra e é removida da câmara através dos orifícios, L e M; as direções são indicadas por setas. O came é colocado de forma que cada pistão é, sucessivamente, forçado de volta ao seu interior quando fica oposto a E, e, ao mesmo tempo, o outro pistão é forçado para fora totalmente contra o lado interno da câmara, conduzindo à sua frente a água que já está ali para o tubo de saída, H, e puxando atrás de si pelo tubo de sucção, F, o fluxo de abastecimento.

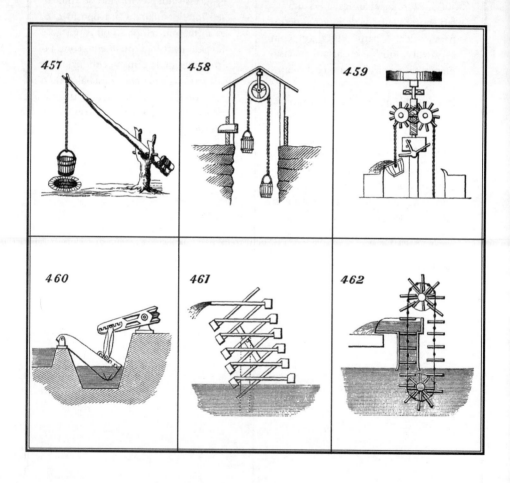

457. Modo comum de elevar água de poços com profundidades desprezíveis. O contrapeso é igual a cerca de metade do peso a ser elevado, de modo que o balde deve ser empurrado para baixo quando está vazio e tem sua elevação auxiliada quando cheio pelo contrapeso.

458. Polia e baldes comuns para elevar água; o balde vazio é empurrado para baixo para elevar o cheio.

459. Elevador alternado para poços. A parte superior representa uma roda de vento horizontal em um eixo que transporta um parafuso espiral. O acoplamento deste último permite pequenas vibrações, a fim de que possa atuar em uma roda sem fim de cada vez. Atrás das rodas sem fim, ficam polias sobre as quais passa a corda que transporta um balde em cada extremidade. No centro, há um ressalto que oscila, contra o qual o balde bate ao subir, e que, por meio do braço em que a espiral e o eixo são suportados, atravessa a espiral de uma roda para outra de modo que o balde que entregou a água é abaixado e o outro elevado.

460. Concha de esvaziar de Fairbairn para elevar água a pequenas alturas. A concha é conectada por uma biela ao final de uma alavanca ou de uma haste de motor de ação única. A altura de elevação pode ser alterada colocando-se a extremidade da haste em entalhes mostrados na figura.

461. Pêndulos ou calhas oscilantes para elevar água por seus movimentos pendulares. As terminações inferiores são conchas e as superiores são tubos abertos; ângulos intermediários são formados com as caixas (e com a válvula de retenção), e cada uma é conectada com duas ramificações da tubulação.

462. Bomba de corrente; eleva a água por movimento circular contínuo. Discos de madeira ou de metal, transportados por uma corrente infinita, são adaptados a um cilindro impermeável com uma sucessão de baldes cheios de água. A potência é aplicada na roda superior.

463. Comporta hidráulica e açude de autoativação. Dois tabuleiros giram nos pinos abaixo de seus centros; o tabuleiro superior é muito maior que o inferior e gira na direção da vazão, enquanto o inferior gira contra ela. A borda superior do tabuleiro inferior se sobrepõe à borda inferior do tabuleiro superior e é forçada contra ela pela pressão da água. Em vazões normais, as pressões contrárias mantêm a comporta na vertical e fechada, como na figura à esquerda, e a água flui por um entalhe no tabuleiro superior; mas quando a água sobe acima do nível normal, a pressão acima, oriunda da maior superfície e da alavanca, supera a resistência abaixo; o tabuleiro superior gira, empurrando para trás o de baixo, reduzindo obstruções e abrindo no leito uma passagem para a vazão.

464. Fonte de Heron. A água que flui no recipiente superior desce o tubo à direita para o inferior. Como o recipiente intermediário também é preenchido e mais água flui no recipiente superior, o ar confinado nas cavidades sobre a água nos recipientes inferior e intermediário e no tubo de comunicação à esquerda, estando comprimido, conduz por força elástica um jato pelo tubo central.

465. Bombas de balanço. O par funciona reciprocamente quando uma pessoa pressiona alternadamente as extremidades opostas de uma alavanca ou viga.

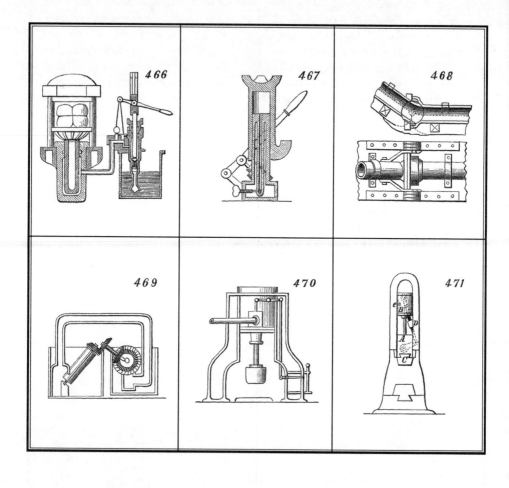

466. Prensa hidráulica. Água forçada pela bomba pela pequena tubulação até o tubo hidráulico e sob o cilindro hidráulico pressiona-o para cima. A quantidade de força obtida é proporcional a áreas relativas ou quadrados dos diâmetros da bomba-êmbolo e do cilindro. Suponha, por exemplo, que o êmbolo da bomba tenha 1 polegada de diâmetro e o cilindro tenha 30 polegadas, a pressão para cima recebida pelo cilindro seria 900 vezes a pressão descendente do êmbolo.

467. Macaco hidráulico de Robertson. Neste, o cilindro é estacionário sobre uma base oca e o tubo com um formato de garra desliza sobre ele. A bomba retira a água da base oca e força-a por uma tubulação até o tubo hidráulico, levantando, assim, esse tubo. Na parte inferior da tubulação, há uma válvula operada por um parafuso de aperto para deixar a água voltar e abaixar a carga tão gradualmente como desejado.

468. Tubulação de água flexível, plano e seção. Dois tubos de diâmetro interno de 15 e 18 polegadas, tendo algumas das articulações assim montadas, conduzem água pelo rio Clyde para o sistema hidráulico de Glasgow (Escócia). As tubulações são presas a fortes estruturas de madeira, com dobradiças com articulações horizontais. As estruturas e tubulações foram montadas no lado sul do rio e, com a extremidade norte do tubo tampada, foram transportadas por máquinas para o lado norte. Sua estrutura flexível permitiu que seguissem o curso do leito.

469. Invenção francesa para obtenção de movimento rotativo de diferentes temperaturas em dois corpos de água. Dois tanques contêm água: o da esquerda tem temperatura ambiente e o da direita tem uma temperatura mais alta. À direita fica uma roda-d'água engrenada com um parafuso de Arquimedes na esquerda. Desse parafuso em espiral, um tubo se estende por cima e atravessa para o lado inferior da roda. A máquina é iniciada ao girar o parafuso em sentido oposto ao da elevação da água, forçando o ar para baixo, que sobe no tubo, atravessa e desce, transmitindo movimento à roda; diz-se que o aumento de volume devido à mudança de temperatura mantém a máquina em movimento. Não sabemos como a diferença de temperatura é mantida.

470. Martelo a vapor. Um cilindro fixado acima e um martelo conectado à extremidade inferior de uma biela. Vapor alternadamente admitido abaixo do pistão e que pode escapar levanta e deixa cair o martelo.

471. Martelo atmosférico de Hotchkiss; deriva a força do seu golpe do ar comprimido. A cabeça de martelo, *C*, está presa a um pistão montado em um cilindro, *B*, que está conectado por uma biela, *D*, com uma manivela, *A*, no eixo de transmissão rotativo. À medida que o cilindro sobe, o ar admitido pelo orifício, *e*, é comprimido abaixo do pistão e levanta o martelo. À medida que o cilindro desce, o ar admitido pelo orifício, *e*, é comprimido acima e armazenado para produzir o golpe por sua expansão instantânea após a manivela e a biela girarem do centro para baixo.

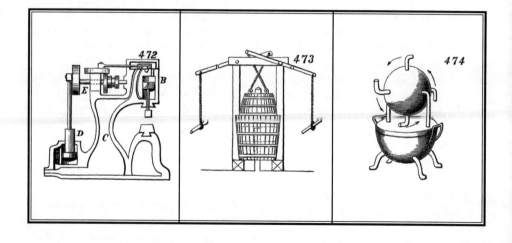

472. Martelo de ar comprimido de Grimshaw. A cabeça desse martelo está acoplada a um pistão, *A*, que atua em um cilindro, *B*, no qual o ar é admitido – como o vapor em uma máquina a vapor – acima e abaixo do pistão por uma válvula corrediça no topo. O ar é recebido de um reservatório, *C*, no quadro, alimentado por uma bomba de ar, *D*, acionada por uma manivela no eixo de transmissão rotativo, *E*.

473. Bomba de ar de simples construção. Tina de madeira menor invertida sobre uma maior. A maior contém água até a linha pontilhada superior, e o tubo do eixo ou espaço a ser esvaziado passa por ele até algumas polegadas acima da água, terminando em uma válvula que abre para cima. A tina superior possui um tubo curto e uma válvula de abertura superior na parte de cima, e é suspensa por cordas amarradas em alavancas. Quando a tina superior desce, grande parte do ar em seu interior é expelido pela válvula superior, de modo que, quando depois é levantada, a rarefação dentro dela faz com que o gás ou o ar subam pela válvula abaixo. Essa bomba foi utilizada com sucesso para extrair ácido carbônico de um eixo grande e profundo.

474. Eolípila ou brinquedo a vapor de Heron, descrito por Heron de Alexandria, no ano de 130 a.C., e agora considerado como a primeira máquina a vapor, cuja forma rotativa pode ser considerada como representativa. A partir do recipiente inferior, ou caldeira, elevam-se dois tubos que conduzem vapor ao recipiente globular acima, formando acoplamentos articulados nos quais o referido recipiente gira na direção das setas, devido à fuga de vapor por uma série de tubos curvados. Funciona com o mesmo princípio do moinho de Barker, **438** deste livro.

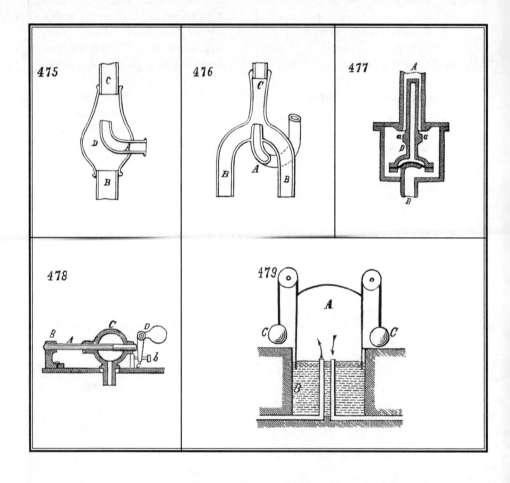

475. Ejetor de esgoto (patente de Brear) para descarregar água de esgoto dos navios ou para elevar e forçar a água sob diversas circunstâncias. *D* é uma câmara com um tubo de sucção, *B*, e um tubo de descarga, *C*, e com um tubo de vapor entrando de um lado que possui um bocal direcionado para o tubo de descarga. Um jato de vapor que entra por *A* expulsa o ar de *D* e *C*, produz vácuo em *B* e faz a água subir por *B* e passar por *D* e *C*, em uma vazão regular e constante. Ar comprimido pode ser usado como substituto ao vapor.

476. Outro dispositivo que opera com o mesmo princípio do anterior. É denominado bomba de sifão a vapor (patente de Lansdell). *A* é o tubo de jato; *B, B* são dois tubos de sucção, com uma conexão bifurcada com o tubo de descarga, *C*. O tubo de jato de vapor que entra na bifurcação não oferece nenhum obstáculo para a passagem ascendente da água, que se move para cima em uma vazão ininterrupta.

477. Armadilha de vapor para aprisionar vapor, mas fornecendo um escape de água a partir de bobinas de vapor e radiadores (patente de Hoard & Wiggin). Consiste em uma caixa, conectada em *A* com a extremidade da bobina ou tubo de descarga, com uma saída em *B* e acoplada a uma válvula oca, *D*, cuja parte inferior é composta de um diafragma flexível. A válvula é preenchida com líquido e hermeticamente fechada, e o seu diafragma repousa sobre uma ponte sobre o tubo de saída. A presença

de vapor na caixa externa aquece a água na válvula a tal ponto que o diafragma se expande e eleva a válvula até os batentes, *a, a*. A acumulação de água de condensação reduz a temperatura da válvula; à medida que o líquido na válvula se contrai, o diafragma permite que a válvula desça e deixe a água sair.

478. Outra armadilha de vapor (patente de Ray). A válvula, *a*, fecha e abre por expansão longitudinal e contração do tubo de descarga, *A*, que termina no meio de uma esfera oca anexada, *C*. Uma porção do tubo está firmemente presa a um suporte fixo, *B*. A válvula é constituída de um êmbolo que atua em uma caixa de enchimento na esfera, oposto à extremidade do tubo, e é pressionado em direção à extremidade do tubo por uma alavanca de cotovelo carregada, *D*, o máximo permitido por um parafuso de parada, *b*, e batente, *c*. Quando o tubo é preenchido com água, o seu comprimento fica tão reduzido que a válvula permanece aberta, mas quando é preenchido com vapor, é expandido de modo que a válvula o fecha. O parafuso, *b*, serve para ajustar a ação da válvula.

479. Gasômetro. O recipiente de fundo aberto, *A*, está disposto no tanque, *B*, de água e é parcialmente contrabalanceado por pesos, *C, C*. O gás entra no gasômetro por um e sai pelo outro dos dois tubos inseridos no fundo do tanque. À medida que o gás entra, o recipiente, *A*, eleva-se, e vice-versa. A pressão é regulada pelo aumento ou pela redução dos pesos, *C, C*.

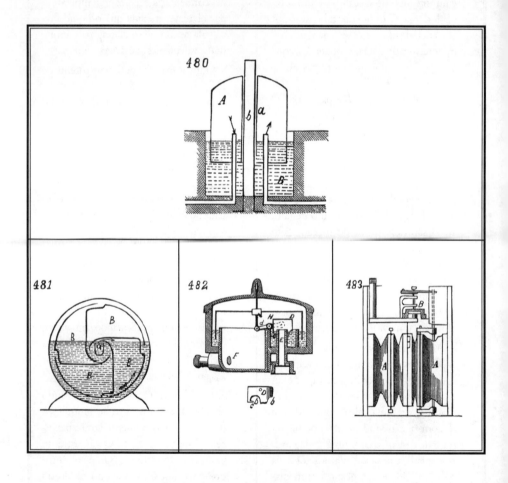

480. Outro tipo de gasômetro. O recipiente, **A**, possui permanentemente fixo dentro de si um tubo central, **a**, que desliza sobre um tubo fixo, **b**, no centro do tanque.

481. Gasômetro molhado. A caixa estacionária, **A**, é preenchida com água acima do centro. O tambor giratório interno é dividido em quatro compartimentos, **B**, **B**, com entradas em torno do tubo central, **a**, que introduz o gás por um dos painéis vazios do tambor. Essa tubulação vira para cima para admitir o gás acima da água, como indicado pela seta perto do centro da figura. À medida que o gás entra nos compartimentos, **B**, **B**, um após o outro, gira o tambor na direção da seta mostrada em sua periferia, deslocando água deles. Conforme as câmaras giram, são preenchidas de água novamente. Os conteúdos cúbicos dos compartimentos são conhecidos, o número de revoluções do tambor é registrado por um contador e a quantidade de gás que passa pelo medidor é registrada.

482. Regulador de gás (patente de Power) para igualar o fornecimento de gás a todos os queimadores de um prédio ou apartamento, apesar das variações de pressão na tubulação principal ou produzidas pela ativação ou desativação do gás em qualquer um dos queimadores. A válvula de regulagem, **D**, mostrada em uma vista exterior separada, é disposta sobre o tubo de entrada, **E**, e conectada por uma alavanca, **d**, com um recipiente invertido, **H**, cujas bordas inferiores, bem como as da válvula, estão imersas em canais contendo mercúrio. Não há escape de gás ao redor do recipiente, **H**, mas há entalhes, **b**, na válvula para permitir que o gás passe sobre a superfície do mercúrio. À medida que a pressão do gás aumenta, atua sobre a superfície interna do recipiente, **H**, que é maior que a válvula, e o recipiente é assim erguido, causando uma depressão da válvula no mercúrio, contraindo os entalhes de abertura, **b**, e reduzindo a quantidade de gás que passa. Conforme a pressão diminui, um resultado oposto é produzido. A saída para os queimadores fica em **F**.

483. Gasômetro seco. Consiste em duas câmaras semelhantes a foles, **A**, **A'**, que são preenchidas alternadamente com gás e descarregadas por uma válvula, **B**, similar à válvula corrediça de uma máquina a vapor atuada pelas câmaras, **A**, **A'**. Se a capacidade das câmaras é conhecida e o número de vezes que são preenchidas é registrado por um contador, a quantidade de gás que passa pelo medidor é indicada nos mostradores.

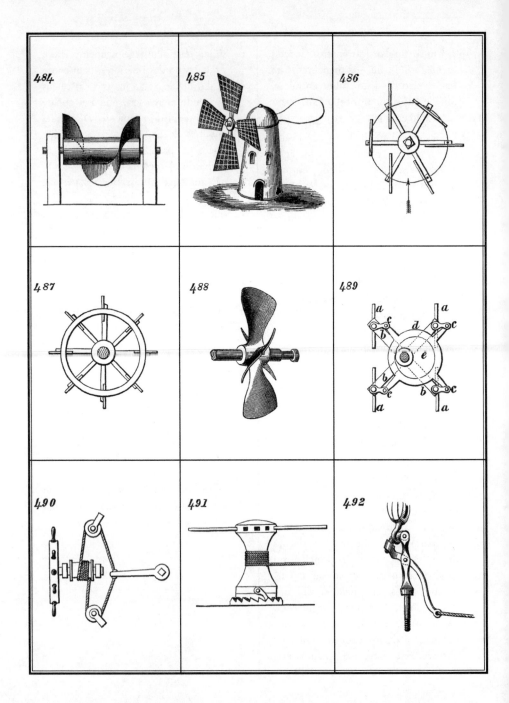

484. Uma espiral enrolada em torno de um cilindro para converter o movimento do vento ou de um fluxo de água em movimento rotativo.

485. Moinho de vento comum, ilustrando a produção de movimento circular pela ação direta do vento sobre as velas oblíquas.

486. Vista em plano de um moinho de vento vertical. As velas são articuladas de modo a girar suas bordas quando ficam contra o vento, apresentando suas faces à ação do vento, cujo sentido está indicado pela seta.

487. Roda de pás comum para dar propulsão a embarcações; a revolução da roda faz com que as pás pressionem para trás contra a água e, assim, produzam o movimento para a frente da embarcação.

488. Hélice de parafuso. As pás são seções de uma rosca de parafuso e sua revolução na água tem o mesmo efeito que o funcionamento de um parafuso em uma porca, produzindo movimento na direção do eixo e impulsionando a embarcação.

489. Roda de pás vertical. As pás, *a, a*, são articuladas nos braços, *b, b*, a distâncias iguais do eixo. Nas articulações estão conectadas manivelas, *c, c*, que são articuladas nas suas extremidades aos braços de um anel, *d*, que é encaixado livremente em um eixo excêntrico estacionário, *e*. A revolução dos braços e pás com o eixo faz com que o anel, *d*, também gire sobre o eixo excêntrico; a ação desse anel nas manivelas mantém as pás sempre em posição vertical, de modo que entrem na água e saiam dela longitudinalmente sem arrasto ou sustentação, enquanto na água estão na posição mais eficaz para a propulsão.

490. Aparelho de condução comum ou timão. Vista plana. No eixo da roda há um tambor no qual é enrolada uma corda que passa em volta das polias e tem as suas extremidades opostas ligadas à "cana do leme" ou alavanca na parte superior do leme; ao girar a roda, uma extremidade da corda é enrolada e a outra, desenrolada, e o leme é movido em uma ou outra direção, de acordo com a direção na qual o timão é girado.

491. Cabrestante. O cabo ou corda enrolada no tambor do cabrestante é puxado girando o cabrestante em seu eixo por meio de barras ou alavancas inseridas nos orifícios na cabeça. O cabrestante é impedido de retornar por uma lingueta conectada à sua parte inferior e atua em uma catraca circular na base.

492. Gancho de liberação de embarcação (patente de Brown & Level). O suporte vertical é preso à embarcação, já o pino curvo articulado em sua extremidade superior encaixa em um orifício em uma alavanca que funciona em um eixo no meio do suporte. Um aparelho semelhante é instalado em cada extremidade do barco. Os ganchos dos blocos de polia se encaixam nos pinos curvos, que ficam presos até que se deseje liberar o navio, quando uma corda amarrada à extremidade inferior de cada alavanca é puxada na direção de desacoplar o pino do orifício na extremidade superior da alavanca, que depois de liberado desliza para fora do gancho do bloco de polias e libera a embarcação.

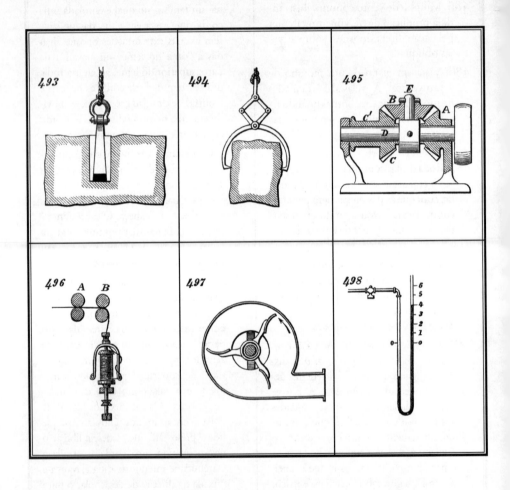

493. "Ferro de luva" para levantar pedras em construções. É composto de um pino cônico central ou cunha, com duas peças com formato de cunha invertida dispostas uma em cada lado. As três peças são inseridas juntas em um furo perfurado na pedra e, quando a cunha central é içada, encaixa nas peças laterais tão firmemente contra os lados do furo que permite que a pedra seja levantada.

494. Pinça para levantar pedras etc. O puxão na manilha que conecta as duas ligações faz com que esta última atue nos braços superiores da pinça de forma a fazer suas pontas se pressionarem contra ou dentro da pedra. Quanto maior o peso, mais forte a pinça segura.

495. Patente de Entwistle de engrenamento. A engrenagem cônica, *A*, é fixa. *B*, que engrena com *A*, está montada para girar no suporte, *E*, fixado ao eixo, *D*, e também engrena com a engrenagem cônica, *C*, livre para girar no eixo, *D*. Quando o movimento rotativo é dado ao eixo, *D*, a engrenagem, *E*, gira em torno de *A* e também gira em seu próprio eixo, atuando assim sobre *C* de duas maneiras, ou seja, por sua rotação em seu próprio eixo e pela sua revolução ao redor de *A*. Com três engrenagens de tamanhos iguais, a engrenagem, *C*, faz duas revoluções para cada uma do eixo, *D*. Essa velocidade de revolução pode, no entanto, ser variada alterando os tamanhos relativos das engrenagens. *C* é representada com um tambor anexo, *C'*. Esse engrenamento pode ser usado para aparelhos de direção, condução de hélices em parafusos etc. Ao se aplicar potência em *C*, a ação pode ser revertida e um movimento lento de *D* é obtido.

496. Tração e torção em fiação de algodão, lã etc. Os rolos de tração frontais, *B*, rodam mais rápido que os traseiros, *A*, portanto, produzem um puxão e alongam as fibras da linha ou fio passando entre eles. O fio passa dos rolos de tração frontais para a *throstle*, que, por sua rotação ao redor da bobina, torce e enrola o fio na bobina.

497. Ventilador centrífugo. A carcaça tem aberturas circulares em suas laterais através das quais, pela revolução do eixo e das pás do ventilador acopladas, o ar é aspirado para dentro no centro da carcaça e forçado sob pressão para fora através do bico.

498. Manômetro de sifão. A parte inferior do tubo curvado contém mercúrio. O lado do tubo, no qual a escala está marcada, fica aberto ao ambiente na parte superior, o outro lado fica conectado com a caldeira de vapor ou outro aparelho no qual a pressão deve ser mensurada. A pressão sobre o mercúrio em um dos lados faz com que seja empurrado para baixo e elevado no outro até que haja um equilíbrio entre o peso do mercúrio e a pressão do vapor, de um lado, e o peso do mercúrio e a pressão da atmosfera, do outro. Esse é o indicador mais preciso conhecido, mas como uma alta pressão requer um tubo muito longo, perdeu espaço para aqueles que são praticamente precisos o suficiente e têm formato mais conveniente.

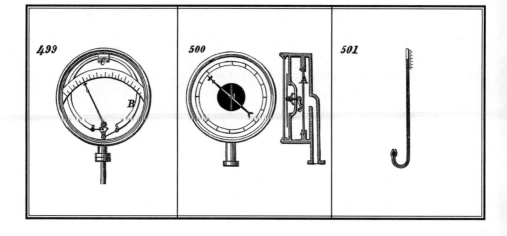

499. Indicador aneroide, conhecido como "indicador de Bourdon", nome de seu inventor, um francês. **B** é um tubo curvado fechado nas extremidades, preso em **C**, no meio de seu comprimento, e com as suas extremidades livres. A pressão do vapor ou outro fluido admitido no tubo tende a endireitá-lo mais ou menos, de acordo com sua intensidade. As extremidades do tubo estão conectadas a uma engrenagem seccionada, com um pinhão acoplado a um ponteiro que indica a pressão em um mostrador.

500. Manômetro mais comumente utilizado hoje. Às vezes, conhecido como "medidor de Magdeburgo", local onde foi fabricado pela primeira vez. Vista frontal e seção. O fluido cuja pressão deve ser medida atua sobre um disco de metal circular, **A**, geralmente ondulado; a deflexão do disco sob a pressão dá movimento a uma engrenagem seccionada, **e**, que engrena com um pinhão acoplado em um ponteiro.

501. Barômetro de mercúrio. O lado mais longo do tubo curvado, no qual está marcado a escala em polegadas, é fechado na parte superior, e o lado mais curto fica aberto à atmosfera ou simplesmente coberto com algum material poroso. A coluna de mercúrio no lado mais longo, do qual o ar foi extraído, é mantida pela pressão do ar na superfície do lado mais curto e sobe ou desce conforme a pressão da atmosfera varia. O antiquado vidro de tempestade, ou barômetro químico, é composto de um tubo semelhante ligado à parte de trás de um mostrador e de um flutuador inserido no lado mais curto do tubo, e é orientado por uma cremalheira e pinhão, ou cabo e polia, acoplado a um ponteiro.

— 172 — 507 Movimentos Mecânicos

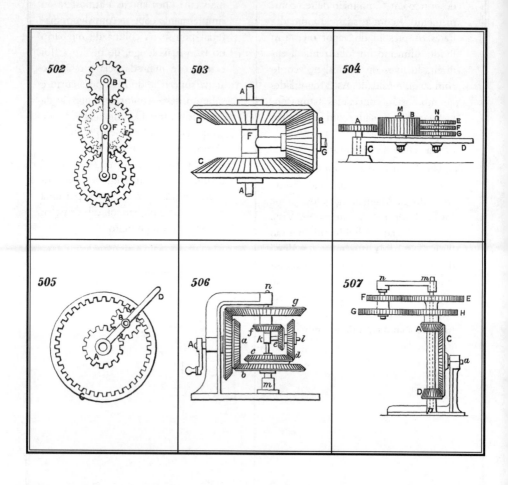

502. Um "trem epicicloidal". Qualquer trem que engrena os eixos das rodas que giram em torno de um centro comum é corretamente conhecido por esse nome. A engrenagem em uma extremidade de tal trem, senão em ambas as extremidades, é sempre concêntrica com o quadro rotativo. *C* é o quadro ou braço do trem. A engrenagem central, *A*, concêntrica com esse quadro, engrena com um pinhão, *F*, no mesmo eixo no qual está fixada uma engrenagem, *E*, que engrena com outra engrenagem, *B*. Se a primeira engrenagem, *A*, for imobilizada e um movimento for dado ao braço, *C*, o trem vai girar em torno da engrenagem fixa e o movimento relativo do quadro em relação à engrenagem fixa vai transmitir por meio do trem um movimento de rotação de *B* em seu eixo. Ou a primeira engrenagem, assim como o braço, pode ser girada com velocidades diferentes, obtendo o mesmo resultado, exceto quanto à velocidade de rotação de *B* sobre o seu eixo.

No trem epicicloidal, como descrito, apenas a engrenagem em uma extremidade é concêntrica com o quadro giratório, mas, se a engrenagem, *E*, em vez de engrenar com *B*, engrenar-se com a engrenagem, *D*, a qual, como a engrenagem, *A*, é concêntrica com o quadro, tem-se um trem epicicloidal em que as engrenagens em ambas as extremidades são concêntricas com o quadro. Nesse trem, pode-se transmitir o movimento de condução para o braço e para uma engrenagem da ex-

tremidade, a fim de produzir uma rotação total da engrenagem da outra extremidade, ou pode-se dar movimento às duas engrenagens das extremidades, *A* e *D*, do trem; o movimento agregado vai, assim, ser transmitido ao braço.

503. Um formato muito simples de um trem epicicloidal, em que *F*, *G* são os braços, fixos ao eixo central, *A*, sobre o qual estão encaixadas livremente as engrenagens cônicas, *C*, *D*. O braço age como um eixo para a engrenagem cônica, *B*, que é montada para girar livremente sobre ele. Movimento pode ser dado às duas engrenagens, *C*, *D*, de modo a produzir um movimento agregado do braço ou ao braço e a uma das referidas engrenagens, a fim de produzir um movimento agregado da outra engrenagem.

504. "Paradoxo mecânico de Ferguson", projetado para mostrar uma curiosa propriedade do trem epicicloidal. A engrenagem, *A*, está fixa em um eixo estacionário sobre o qual o braço, *C*, *D*, gira. Nesse braço estão dois pinos, *M*, *N*, sobre um dos quais está montada para girar livremente uma engrenagem espessa, *B*, engrenada com *A*; sobre o outro, estão três engrenagens livres para girar, *E*, *F*, *G*, todas engrenadas com *B*. Quando o braço, *C*, *D*, é girado ao redor do eixo estacionário, movimento é dado às três engrenagens, *E*, *F*, *G*, em seu eixo comum, ou seja, o pino, *N*; as três formando com a engrenagem intermediária, *B*, e a engrenagem, *A*, três trens epicicloidais distintos. Suponha que *A* tenha 20 dentes, *F*, 20, *E*, 21, e *G*, 19; enquanto o braço, *E*, *C*, *D*, é girado, parece que *F* não gira sobre seu eixo, pois qualquer ponto de sua circunferência vai sempre apontar em uma única direção, enquanto parece que *E* gira lentamente em uma direção e *G* na outra, o que – um aparente paradoxo – deu origem ao nome do aparelho.

505. Outro formato simples de um trem epicicloidal, no qual o braço, *D*, carrega um pinhão, *B*, que engrena tanto com uma engrenagem, *A*, como com uma engrenagem anular de dentes internos, *C*, ambas concêntricas com o eixo do braço. Qualquer uma das engrenagens, *A*, *C*, pode ser estacionária, e a revolução do braço e do pinhão dará movimento à outra engrenagem.

506. Outro trem epicicloidal em que nem a primeira, nem a última engrenagem são fixas. O eixo *m*, *n* está firmemente fixado o braço do trem, *k*, *l*, que movimenta as duas engrenagens, *d*, *e*, montadas juntas, mas que giram sobre o próprio braço. As engrenagens *b* e *c* estão unidas e giram juntas, livremente, sobre o eixo, *m*, *n*; as engrenagens, *f* e *g*, também estão unidas, mas giram juntas livremente no eixo, *m*, *n*. As engrenagens, *c*, *d*, *e* e *f*, constituem um trem epicicloidal no qual *c* é a primeira e *f* é a última engrenagem. Um eixo, *A*, é utilizado como condutor e possui firmemente montadas nele duas engrenagens, *a* e *h*, a primeira das quais engrena com a engrenagem *b* e, assim, transmite o movimento para a primeira engrenagem, *c*, do trem epicicloidal; e a engrenagem *h* conduz a engrenagem *g*, que, dessa forma, transmite movimento para a última engrenagem, *f*. O movimento transmitido dessa maneira às duas extremidades do trem produz um movimento agregado do braço, *k*, *l*, e do eixo, *m*, *n*.

Esse trem pode ser modificado. Por exemplo, suponha que as engrenagens, *g* e *f*, sejam desunidas, *g* seja fixada no eixo, *m*, *n*, e apenas *f* gira livremente sobre ele. O eixo condutor, *A*, vai, como antes, transmitir movimento à primeira engrenagem, *c*, do trem epicicloidal por meio das engrenagens, *a* e *b*, e também por meio de *h*, que fará que a engrenagem, *g*, o eixo, *m*, *n*, e o braço, *k*, *l*, girem, e a rotação agregada será dada à engrenagem livre, *f*.

507. Outro formato de trem epicicloidal projetado para produzir um movimento muito lento. O eixo *m* é fixo sobre o qual é encaixada livremente uma longa bucha, em cujas extremidades são acopladas engrenagens, *D* (inferior) e *E* (superior). Sobre essa longa bucha, há uma mais curta que se acopla em suas extremidades às engrenagens *A* e *H*. Uma engrenagem, *C*, engrena tanto com *D* como com *A*, e um braço, *m*, *n*, que gira livremente sobre um eixo, *m*, *p*, acopla sobre um pino em *n* as engrenagens unidas *F* e *G*. Se *A* tiver 10 dentes, *C*, 100, *D*, 10, *E*, 61, *F*, 49, *G*, 41 e *H*, 51, haverá 25 mil revoluções do braço, *m*, *n*, para uma da engrenagem *C*.

GRÁFICA PAYM
Tel. [11] 4392-3344
paym@graficapaym.com.br